HUMAN PERFORMANCE IMPROVEMENT & SAFETY MINDFULNESS

휴먼 퍼포먼스 개선과
안전 마음챙김

양정모

박영사

머리말

　모든 사고의 80%는 인적오류(Human Error)에 의한 것으로 알려져 있다. 그리고 20%는 설비나 장비와 관련이 있는 것으로 알려져 있다. 하지만 인적오류에 의한 80%의 사고 중 70%는 인력부족, 공사기간 부족, 교육부족 등 회사의 안전보건경영시스템과 잠재적인 조직적 약점에 의해 발생하고, 나머지 30%는 사람 본연의 오류로 발생한다는 사실은 잘 알려져 있지 않다. 이러한 이유로 사고 대부분의 원인을 사람이 범하는 인적오류로 지목하고 비난의 대상으로 삼는 것이 오늘날의 전형적인 안전관리 방식이라고 생각한다. 그 결과 국내의 안전관리 수준은 선진국에 비해 상당히 뒤처지고 산업재해 지표와 중대재해와 관련한 수치는 OECD 국가 중 하위 수준에 머물러 있다고 생각한다. 이러한 배경에서 저자는 사업장의 인적오류 개선과 효과적인 사고예방을 위해 휴먼 퍼포먼스 개선과 안전 마음챙김이라는 새로운 패러다임을 소개할 만한 책자가 필요하다고 생각했다.

　이 책의 제1장 휴먼 퍼포먼스 개선이론에서는 미국 에너지부(Department of Energy, DoE)가 발간한 휴먼 퍼포먼스 개선 핸드북(Human Performance Improvement Handbook) Volume 1 내용 중 핵심내용을 저자의 판단에 따라 요약하였다. 그 내용에는 인적오류를 일으키는 사건의 해부, 휴먼 퍼포먼스 개선을 위한 전략적 접근 및 휴먼 퍼포먼스 개선을 위한 관리원칙 등이 있다. 그리고 사람이 범하는 부주의, 망각, 오류 그리고 위반에 대한 범주와 세부 내용을 설명하였다. 또한 인적오류를 예방하기 위한 심층방어 체계와 성과모드 및 휴먼 퍼포먼스 진화에 대한 설명이 있다.

제2장 일반적인 마음챙김에서는 마음챙김의 정의, 모델 그리고 마음챙김의 이점과 마음챙김을 잘 하기 위한 방법과 장애요인에 대한 설명을 하였다.

제3장 안전 마음챙김에서는 안전 마음챙김과 사고순차 모델, 불안전 행동, SRK모델 및 안전문화와의 관계를 살펴보았다. 그리고 안전 마음챙김과 관련한 해외의 이론과 현장 적용사례를 살펴보았다. 또한 회사차원에서 안전 마음챙김을 활성화할 수 있는 방안인 경영층의 리더십, 안전 마음챙김 소위원회 구축 및 안전보건경영시스템에 고신뢰조직(HRO) 다섯 가지 특성 반영을 설명하였다. 안전 마음챙김 시행 준비를 위한 위험인식수준 향상, 위험 확인 및 항목화, SAFE절차 개발, 근로자 의견청취, 강사 양성교육, 근로자 교육, IT프로그램 활용, 안전 마음챙김 모니터링, 경영층 보고 및 국내와 해외의 TBM(Tool Box Meeting)과 Safety Talks에 대한 검토와 실행방안을 설명하였다. 마지막으로 근로자를 대상으로 안전 마음챙김을 운영할 수 있는 시행 가이드라인을 설명하였다. 그 내용은 Step-1 사전준비, Step-2 작업 전 SAFE 절차 시행(Group-Safety Talks), Step-3 작업 전 SAFE절차 시행(Self-Safety Talks), Step-4 작업 중 SAFE절차 시행(Self-Safety Talks), Step-5 작업 완료 후 SAFE절차 시행(Self-Safety Talks) 및 Step-6 환류조치 방안 등이다. 그리고 인적오류 개선과 안전 마음챙김을 효과적으로 지원할 위험성평가의 현실과 개선방안을 별첨에 설명하였다.

이 책에서 설명한 휴먼 퍼포먼스 개선이론과 관련한 내용은 저자가 서울과학기술대학교 안전공학과 대학원 박사과정에서 지도교수인 권영국 교수님의 가르침과 저자의 경험을 기반으로 작성되었다. 이 책자의 안전 마음챙김 시행 가이드라인에 대한 세심한 검토를 해준 서울과학기술대학교 안전공학과 인간공학연구회 김현진 박사, 윤성남 박사 그리고 조명종 석사에게 감사의 말씀을 전한다. 책자 내용과 관련한 의견이 있다면 메일로 공유해 주기 바란다(pjmyang1411@daum.net). 그리고 독자와 다양한 정보를 공유하기 위해 휴먼 퍼포먼스 개선과 안전 마음챙김이라는 네이버 카페를 개설하였으니, 관심이 있는 독자는 가입신청을 하기 바란다(http://cafe.naver.com/humansafemindfulness).

차 례

제2장

일반적인 마음챙김 • 83

Ⅳ 안전 마음챙김 시행 가이드라인 • 169

별첨

위험성평가의 현실과 개선방안 • 175

제1장

휴먼 퍼포먼스 개선 이론

제1장

휴먼 퍼포먼스 개선 이론

 I **휴먼 퍼포먼스 개선(Human Performance Improvement)**

1. 휴먼 퍼포먼스 소개

1.1 개요

휴먼 퍼포먼스(Human Performance)는 특정한 작업 목표(결과)를 달성하기 위해 수행하는 사람의 행동이다. 행동은 사람들이 행하고 말하는 것이며 목적을 위한 수단으로 보고 들을 수 있는 관찰 가능한 대상의 범주이다.

모든 사고의 80%는 인적오류에 의한 것으로 알려져 있다. 그리고 나머지 20%의 사고는 장비 고장과 관련이 있다. 여기에서 인적오류에 의한 80%의 사고를 분석하면 70%는 잠재적인 조직적 약점에 의해 발생하고, 나머지 30%는 인간 본연의 오류로 인해 발생한다.

인적오류로 인한 사고발생은 인적 피해와 물적 피해 등 다양한 손해를 불러 일으킬 수 있다. 그리고 사회, 대중 및 환경에도 큰 영향을 주며, 때로는 사회와 인류를 위태롭게 할 수 있다. 또한 중대재해처벌법에 따른 중대산업재해로 인해 심각한 법적 제재와 상당한 비용적 손해가 발생할 수 있다.

따라서 휴먼 퍼포먼스 개선(Human Performance Improvement)을 통해 인적오류를 예방해야 한다. 휴먼 퍼포먼스 개선은 하나의 프로그램이 아닌 조직의 안전보건경영시스템과 연계하는 총체적인 활동에 가깝다.

(1) 휴먼 퍼포먼스와 사고에 대한 관점(Perspective on Human Performance and Events)

사고를 일으키는 원인이 대부분 사람이라는 견해는 전통적인 인류의 믿음이다. 이러한 믿음은 시스템과 관리 체계는 전혀 문제가 없지만 기준을 지켜야 할 사람이 이를 무시하거나 소홀히 해서 좋지 않은 결과를 초래한다고 단정짓는 후견편향이다. 하지만 그동안의 크고 작은 사고들을 경험해 오면서 얻은 교훈은 다수의 사고들이 조직의 프로세스와 문화적 측면의 약점과 관계가 깊다는 것이다. 따라서 인적오류로 인한 사고예방을 위해 조직적 맥락을 포함하는 휴먼 퍼포먼스 개선이 필요하다.

(2) 현장 근로자와 지식기반 근로자의 휴먼 퍼포먼스(Human Performance for Engineers and Knowledge Workers)

현장의 근로자 외에도 엔지니어와 지식 기반 근로자(공정설계자 등) 또한 인적오류를 범하는 것으로 알려져 있다. 설계자의 오류로 인해 반영된 다양한 시설이 현장 운영 단계에서 근로자의 인적오류를 유발하는 경우가 그것이다. 따라서 현장 근로자의 인적오류 예방도 중요하지만 설계자의 인적오류 예방 또한 중요하다. 더욱이 설계자의 인적오류는 현장 근로자의 인적오류에 비해 더 큰 심각성을 불러 일으킨다.

(3) 현장과 사무실(The Work Place)

현장은 일반적으로 어떠한 제품, 물건, 구조 등을 만들어 내는 물리적인 현상이 발생하는 곳이고, 사무실은 이러한 활동을 관리하기 위해 사람이 일련의 문서(설계도서, 공정도, 다양한 자료 등의 문서 체계 등)를 활용하는 장소이다. 인적오류가 현장에서 주로 발생하는 것처럼 보이지만, 사실은 사무실에서도 많이 발생한다. 사무실에서 발생하는 인적오류는 바로 보이지 않고 누적되어 있다가 현장 근로자의 인적오류를 유발한다. 현장과 사무실은 긴밀한 관계를 갖고 있으며, 현장에서 일어나는 사고의 많은 부분은 사무실에 위치하는 여러 계층의 사람들(경영층, 관리자 및 감독자, 설계자, 재무 책임자 등)의 다양한 의사 결정과 관계가 있다. 이러한 의사결정에는 자원삭감, 인원 감축, 투자 보류, 공기 단축 및 부적절한 변경관리 등 다양한 요인들이 있다.

(4) 근로자, 관리자 그리고 조직(Individuals, Leaders, and Organizations)

인적오류와 관련이 있는 대상에는 근로자, 관리자 그리고 조직이 있다. 근로자는 조직에 있는 다양한 사람들로 지휘고하를 막론하고 모든 위치에서 근무하는 사람이다. 관리자는 사업장의 성과를 달성하기 위해 적절한 책임을 갖고 해당 조직을 운영하는 사람이다. 조직은 근로자와 관리자들에게 역할과 책임을 부여하고 적절한 자원을 지원하여 설정한 목표를 달성하는 사람들의 그룹이다. 조직은 일반적으로 프로세스와 가치 및 신념체계를 통해 예측 가능한 방식으로 사람들의 행동을 관리한다.

1.2 휴먼 퍼포먼스와 행동(Human Performance and Behavior)

휴먼 퍼포먼스는 행동(behavior)에 결과(result)를 더한 것이다(P＝B＋R). 여기에서 행동은 개인의 성향(personality)과 환경(environment)에 영향을 받는다고 알려져 있다(B＝f[P,E]). 행동은 사람들이 행하고 말하는 것, 즉 목적을 위한 수단으로 보고 들을 수 있고 측정할 수 있는 관찰 가능한 행동이다. 사람의 행동은 다양한 요인에 의해 변화되므로 일반적으로 일관된 행동을 얻는 것은 현실적으로 어렵다.

1.3 사건의 해부(Anatomy of an event)

일반적으로 사건(event)은 사람의 행동에 의해 일어난다. 일어난 사건에 대해서 우리는 일반적으로 후견편향적인 시각으로 바라보는 경향으로 인해 사건을 일으킨 대부분의 요인을 사람의 행동에서 찾는다. 하지만 실제 사건을 유발한 것은 사람이기에 앞서 사람을 둘러싼 여러 환경일 경우가 더욱 많다. 사람은 주어진 자원과 시간 그리고 환경에서 가장 좋은 대안을 수립하여 작업을 완료해야 하는 상황에 처해 있다. 다음 그림은 작업활동(initiating action), 결함이 있는 통제(flawed controls), 오류전조(error precursors) 및 잠재조직의 약점(latent organizational weaknesses)으로 구성된 요인을 묘사한 그림으로 각 요인에 대한 주의를 기울인다면 사건을 사전에 예방할 가능성이 크다.

(1) 사건(Event)

사건은 시설 구조, 시스템, 구성 요소의 상태, 인적조건 또는 조직과 관련한 조건(건강, 행동, 관리 제어, 환경 등)에서 확립된 기준을 초과하는 원치 않고 바람직하지 않은 변

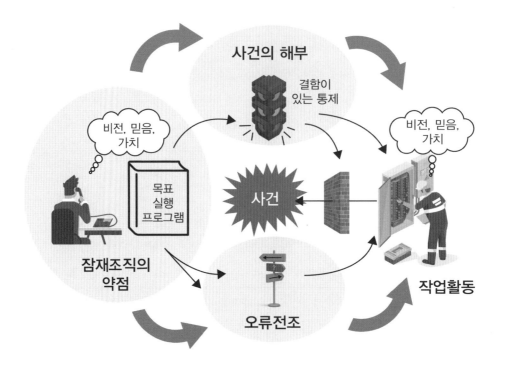

경으로 계획했던 목표를 달성하지 못한 결과이다.

(2) 잠재조직의 약점(Latent Organizational Weaknesses)

잠재조직의 약점은 오류를 유발할 수 있는 작업장 조건을 만드는 관리 제어 프로세스(예: 전략, 정책, 작업 제어, 교육 및 자원 할당) 또는 가치(공유된 신념, 태도, 규범 및 가정)의 숨겨진 결함으로 생긴다. 이러한 약점은 주로 의사결정을 하는 조직에 존재하면서 사건 발생을 예방하는 통제 기능을 저하시킨다. 잠재조직의 약점은 절차 개발 및 검토, 엔지니어링 설계 및 승인, 조달 및 제품 수령 검사, 교육 및 자격 시스템 등에 존재할 수 있는 시스템 수준 등을 포함한다. 잠재조직의 약점은 여러 계층에 오래 머무르면서 관리자와 감독자가 오류를 범할 수 있도록 환경을 조성한다.

(3) 결함이 있는 통제(Flawed Controls)

시설 또는 사람을 위험에서 보호하기 위한 방어 수준을 낮추거나 실행오류(active error, 시스템과 직접 접촉하는 사람들의 안전하지 않은 행동)[1]를 일으키는 것을 결함이 있는

---

1) Reason, J. (2016). *Organizational accidents revisited.* CRC press.

통제라고 한다.

(4) 오류 전조(Error Precursors)

작업 현장에서 사람이 오류를 일으킬 가능성을 높이는 좋지 않은 사전 조건이나 상황으로 일반적으로 작업 요구가 사람의 능력을 초과하는 것을 오류 전조라고 한다.

(5) 작업활동(Initiating Action)

작업활동은 잠재조직의 약점, 결함이 있는 통제 그리고 오류 전조가 존재하는 상황에서 근로자에게 주어진 목표에 비해 턱없이 부족한 자원으로 인해 근로자가 범하는 오류 또는 위반이다. 오류는 의도하지 않은 행동이지만 위반은 알려진 기준이나 절차를 회피하는 고의적이고 의도적인 행동이다. 실행오류(active error)는 즉각적으로 관찰이 가능한 바람직하지 않은 결과로 해야 할 일을 잘 못 하는(commission)경우와 해야 할 일을 하지 않는(omission) 행동을 포함한다.

1.4 휴먼 퍼포먼스 개선에 대한 전략적 접근(Strategic approach for human performance improvement)

휴먼 퍼포먼스를 개선하기 위한 전략적 접근 방식에는 작업 현장에서 발생할 수 있는 실행오류(active error)를 예측하여 예방하는 것이다. 인적오류를 줄이기 위한 체계적인 방법에는 심층방어(defense-in-depth)가 있다. 이 방법은 하나의 방벽(barrier)이 실패할 경우 나머지 제어가 추가적인 영향을 줄이기 위해 필요에 따라 작동하도록 되어 있다.

휴먼 퍼포먼스를 향상시키기 위해서는 조직의 모든 수준에서 오류 발생을 줄이고, 취약한 보호 장치의 결함을 개선하기 위한 노력이 이루어져야 한다. 휴먼 퍼포먼스를 개선하기 위한 전략적 접근 방식은 인적오류 저감(Reducing error)과 통제관리(Managing control)를 통해 사건을 줄이는(Zero event) 원칙을 추구해야 한다. 이러한 원칙은 $Re + Mc \rightarrow \emptyset E$로 표현할 수 있다.

(1) 인적오류 저감(Reducing Error)

효과적인 인적오류 저감 전략은 작업 실행(work execution)에 초점을 맞추어 실행하는 것이다. 작업 실행은 현장 작업자가 작업을 위해 시설을 조작하거나 설치하는 등의 활동과 사무실 작업자(설계 엔지니어 등)가 시설이나 현장 작업에 영향을 미치는 설계, 절차, 지침 및 사양 결정 등의 업무를 포함한다. 오류를 저감하기 위해서는 작업에서 발생할 수 있는 오류를 예상하는 준비, 성과 및 피드백이 필요하다.

준비단계에서 작업 현장 검토, 적절한 경험이나 능력을 가진 사람 배치, 작업량에 맞게 적절한 인원 배치, 필요 설비나 자원 지원 검토 등을 포함한 전체적인 측면에서 검토한다. 성과단계에서는 업무 전반을 대상으로 특별한 위험감각을 활용하여 업무를 재평가한다. 이때 상황적 인식(situational awareness)[2]을 유지하고 위험을 포착하는 순간 업무를 중단하고 잠재되어 있는 위험을 재평가하는 것이 필요하다. 마지막으로 피드백 단계에서는 작업준비 단계와 성과단계에서 발견된 여러 조건과 상황을 평가하여 적절한 피드백을 시행한다. 특히 사람의 행동과 관련한 피드백을 시행하는 경우 코칭과 강화활동을 강조한다.

(2) 통제관리(Managing Controls)

인적오류를 체계적으로 식별하고 제거하더라도 오류는 발생한다. 따라서 인적오류로부터 안전을 보장하기 위한 최우선 순위는 ISO 45001이 제시하는 위험성 통제 위계(hierarchy of control)인 위험 제거, 덜 위험한 물질, 공정, 작업 또는 장비로 대체, 공학적 대책 사용, 교육을 포함한 행정적 조치, 개인보호구 사용과 같은 우선순위를 부여하여 적용하여 한다.

가. 위험 제거(Control of Hazards by elimination)

위험을 줄이는 가장 효과적이고 좋은 방법은 위험 그 자체를 없애는 것이다. 사람이 통행하는 길 주변 절벽에 낙석의 위험을 통제하는 방식은 낙석을 치우는 것이다. 이러한 방법은 공정이나 작업에서 독성 화학물질을 제거하거나 에너지 차단이 필요한 장비 등을 없애는 것과 같이 위험성 감소의 효과는 크다. 하지만 위험성 감소를 위해 많은 비용이 소요될 수 있다.

---

2) 현실과 미래의 환경적 요소를 모니터링하거나 인식하는 능력이다. 상황적 인식과 관련한 연구는 Endsley의 기본 개념에 따라 발전해 왔다. 이 개념은 인지 심리학에서 비롯되었으며 정보의 정신적 처리를 가정하지만 행동 관점에서 보다 명시적인 방식으로 해석될 수 있다.

나. 덜 위험한 물질, 공정, 작업 또는 장비로 대체(Control of Hazards by substitution)

위험한 형태의 물질이나 절차를 덜 위험한 물질, 공정, 작업 또는 장비로 대체하는 과정이다. 용제형 도료의 위험성을 낮추기 위해 수성 도료 사용, 전기 대신 압축 공기를 전원으로 사용, 강한 화학물질을 사용하는 대신 막대를 사용하여 배수구 청소, 사다리를 오르는 대신 이동식 승강 작업대를 사용하는 등의 방식이 있다. 다만, 위험성 감소 방안을 적용하는 동안 새로운 위험이 발생할 수 있는 상황을 검토하여 적용해야 한다.

다. 공학적 대책 사용(Engineered features)

사람을 대상으로 하는 위험성 감소조치에 의존하지 않고 공학적인 조치를 활용하여 위험성을 감소하는 방안이 공학적 대책이다. 공학적 대책에는 효율적인 먼지 필터 사용 또는 소음이 적은 장비구매, 장벽, 가드, 인터록, 방음덮개 등의 위험을 통제하는 방식이 있다.

사람이 통행하는 길 주변 절벽에 낙석이 존재하는 위험을 통제하는 방식은 낙석이 떨어질 경로에 방책을 설치하여 사람이 통행하지 못하게 하는 방식과 낙석이 떨어질 경로를 우회하여 새로운 통행방식인 배를 이용하는 방식 등을 검토할 수 있다. 다만, 위험성 감소 방안을 적용하는 동안 새로운 위험이 발생할 수 있는 상황을 검토하여 적용해야 한다.

라. 행정적 조치(Administrative provisions)

아래 내용은 행정적 조치로 활용되는 노출시간 감소, 격리, 안전절차, 교육 개인보호 장비 사용이다.

• 노출시간 감소

근로자에게 휴식 시간을 제공하여 위험에 노출될 수 있는 시간을 줄이는 방법이다. 일반적으로 소음, 진동, 과도한 열 또는 추위 및 유해 물질과 관련된 건강상의 위험관리에 적용한다.

• 격리

위험 요소를 격리하거나 사람과 위험 요소를 분리하여 관리하는 것은 효과적인 통제 수단이다. 예를 들어 사업장 내 차량도로와 보행자 통로 분리, 도로 수리 시 통행인을 위한 별도의 통로 제공, 현장에 휴게공간 제공 및 소음 피난처 제공 등이 있다.

• 안전절차

이 방법은 일반적이고 비용 소요가 적은 방식의 통제 수단으로 현장의 유해 위험요인을 통제할 수 있도록 체계적으로 구축되어야 한다. 안전 절차는 서면으로 작성되어 조직의 공식적인 체계로 공지되어야 하며, 조직은 근로자에게 안전 절차를 교육하고 그 근거를 유지하여야 한다.

● 교육

교육은 잠재된 유해위험 요인을 구성원에게 인식시켜줄 수 있는 좋은 도구이다. 조직은 효과적인 안전보건 교육 프로그램을 마련하여 구성원이 안전보건 관련 기능, 기술, 지식 및 태도를 습득할 수 있도록 지원한다.

● 개인 보호 장비

개인 보호 장비(PPE, personal protective equipment)는 위험 제거, 대체, 공학적 대책 및 행정적 대책 이후 가장 마지막으로 검토해야 하는 제한적인 보호 수단이다. 상황에 따라 보호구를 착용했다고 하여도 사고가 발생할 위험성이 존재한다는 사실을 유념해야 한다.

1.5 휴먼 퍼포먼스 관리 원칙(Principle of human performance)

인적오류를 확인하고 줄이기 위한 휴먼 퍼포먼스 관리 원칙을 세우고 적용한다.

(1) 사람은 오류를 범할 수 있으며 우수한 사람도 오류를 범한다(People are fallible, and even the best people make mistakes).

오류는 보편적인 것이고 일반적인 것이다. 나이, 경험 또는 교육 수준에 관계없이 모든 사람이 오류를 범한다. 오류를 일으키는 것을 완전히 방지하는 것은 불가능한 일이다.

영국의 유명한 심리학자인 James Reason은 그의 저서 Human error(1990)에서 근로자와 그들의 관리자가 인적오류를 유발할 가능성을 확인하고 이에 대한 조직적 대책을 수립하여 적용하는 것이 중요하다고 하였다. 그리고 불안전한 행동이 일어나는 상황과 이유를 이해하는 것은 인적오류 관리의 첫번째 단계라고 하였다.

(2) 오류 가능성이 있는 상황은 예측/관리/예방이 가능하다(Error-likely situations are predictable, manageable, and preventable).

일반적으로 인적오류의 불가피성에도 불구하고 특정 오류는 예방할 수 있다. 일반적으로 어떤 사람의 좋지 않은 행동을 관찰하고 적절한 피드백을 준다면, 좋지 않은 행동은 감소할 가능성이 크다. 또한 특정한 오류의 덫을 확인하고, 이에 대한 적절한 대안을 마련하여 많은 사람들에게 공유하고 교육한다면 유사한 오류는 감소할 가능성이 크다.

(3) 개인의 행동은 조직의 가치와 프로세스에 의한 결과이다(Individual behavior is influenced by organizational processes and values).

조직은 목표 지향적이므로 근로자는 조직의 목표를 달성하기 위한 개인적인 목표를 할당 받는다. 조직은 일반적으로 필요한 모든 작업을 설정하고, 그에 상당하는 조직이나 사람들을 투입하여 효과적인 결과물을 얻는다. 여기에서 경영층이나 관리자는 이러한 목표를 달성하기 위하여 구성원의 행동을 유도하거나 지시하는 위치에 있다. 따라서 개인의 행동은 조직의 가치와 프로세스에 많은 영향을 받는다.

(4) 사람은 격려와 강화를 통해 좋은 성과를 달성한다(People achieve high levels of performance because of the encouragement and reinforcement received from leaders, peers, and subordinates).

사람의 모든 행동은 선행자극(antecedent)에 영향을 받는다. 그리고 그 행동의 결과 (consequence)에 따라 미래의 행동을 결정한다. 그 행동의 결과가 긍정적이고, 빠르고 또한 확실했다면, 그 행동을 다시 할 가능성은 매우 높다. 반면 그 행동의 결과가 부정적이고 늦고 또한 불확실했다면, 그 행동을 다시 할 가능성은 매우 낮다. 이렇듯 사람은 어떠한 행동의 결과에 의해 강화된다(행동 개선 ABC Process[3]). 인적오류를 줄이기 위해서는 부정적인 방식의 강화보다는 긍정적인 방식의 강화가 필요한 이유가 바로 여기에 있다.

(5) 오류의 원인파악과 재발방지(Events can be avoided through an understanding of the reasons mistakes occur and application of the lessons learned from past events).

전통적으로 휴먼 퍼포먼스 개선은 과거에 일어났던 일에 대응하는 방법으로 다양한 사고로부터 배운 원인조사와 개선대책의 결과라고 볼 수 있다. 우리가 범하는 오류에서 배우는 방법은 사실 반응적(reactive)이지만 지속적인 개선을 위해서는 빼놓을 수 없는 중요한 일이다. 그리고 오류를 방지할 수 있는 방법을 예측하는 것은 예방적(proactive)이며 사건이 발생하지 않도록 방지하는 보다 비용 효율적인 수단이다.

---

3) 행동 교정을 하기 위한 원칙은 ABC 절차를 활용하는 것이다. A는 선행자극 또는 촉진제 (antecedent 혹은 activator), B는 사람의 행동(behavior)으로 안전한 행동과 불안전한 행동이 있으며, C는 결과(consequence)로 향후의 안전 행동 또는 불안한 행동을 이끈다.

II 오류저감(Reducing Error)

사람은 저마다 생각이 다르고 독창적이므로 오류를 범하는 것은 놀라울 일이 아니다. 하지만 인적오류로 인해 좋지 않은 결과나 피해가 발생할 수 있으므로 사전에 예방해야 한다. 인적오류를 예방하기 위해서는 먼저 인간본성에 대한 이해가 필요하다. 여기에는 사람이 오류를 범하도록 하는 인적인 특성, 불안전한 태도 그리고 위험한 행동 등이 포함된다. 사람이 오류를 범하는 것은 일반적인 것이며, 아주 훌륭한 사람도 오류를 범할 수 있다는 휴먼 퍼포먼스 관리 원칙을 상기하고 인적오류를 저감하는 방안을 마련해야 한다.

1. 사람의 불안전함(Human Fallibility)

인간본성(human nature)은 사람의 성향, 능력 및 한계를 정의하는 모든 신체적, 생물학적, 사회적, 정신적, 정서적 특성을 포함한다. 인간본성의 특성 중 하나는 부정확성이다. 기계는 정밀하고 오류 없이 작동하지만, 사람은 특정 상황에서 부정확할 가능성이 매우 높다. 예를 들어 사람은 높은 스트레스와 시간 압박에서 제대로 업무를 수행하지 못하는 경향이 있다. 그리고 사람은 태생적인 불안전함으로 인해 인간본성의 한계를 초과하는 외부 조건에 취약하다. 사람은 잠재 조건 등이 숨겨진 복잡한 시스템(하드웨어 또는 관리) 내에서 작업할 때 오류에 대한 민감성이 증가한다.

2. 인간본성의 공통적인 함정(Common Traps of Human Nature)

사람들은 무언가를 할 때 통제력을 유지하는 자신의 능력을 과대평가하는 경향이 있다. 여기에서 통제력을 유지한다는 것은 작업을 수행하는 동안 발생할 일을 모두 파악할 수 있다는 것을 의미한다. 이러한 능력을 과대평가하는 이유는 수없이 오류를 범하면서도 그 결과가 부정적으로 나타나는 일은 드물기 때문이다. 따라서 일반적으로 사람들은 자신이 오류를 범할 것이라고 생각하지 않는다. 그리고 사람은 자신의 능력한계에 대한 인식이 일반적으로 부족하다. 예를 들어 많은 사람들은 충분한 휴식을 취하지 않고 업무를 하거나, 시끄럽거나 열악한 환경 조건(더위, 추위, 소음, 진동 등)이 있는 곳에서 일하는 법을 배운다. 이러한 특성으로 인해 사람은 주어진 조건을 정상으로 인식하고 행동한다. 그러나 피로 또는 상황적 인식(situational awareness) 상실 등 인간 능력의 한계를 초과하면 인적 오류가 발생할 가능성이 높아진다.

(1) 스트레스(stress)

스트레스는 환경에서 감지된 위협에 대한 정신적 그리고 신체적 반응으로 일부 스트레스는 정상적이고 긍정적인 영향을 준다. 하지만 문제는 스트레스가 누적되는 상황에서 사람은 압박감을 느끼고, 좋지 않은 성과를 낼 수 있다는 것이다. 이러한 문제로 인해 사람은 공황 상태를 감지하게 되어 효과적인 감지, 인식, 기억, 생각 또는 행동을 하는 능력이 떨어질 수 있다. 그리고 사람은 어떤 일을 달성하기 어렵다고 판단할 때 불안과 초조함을 느껴 잘 기억하고 잘 해왔던 기억을 잃어버리게 되고 상황을 비판적으로 생각하며 부정확한 행동을 하게 된다.

(2) 정신적 긴장의 회피(Avoidance of Mental Strain)

사람은 오랜 시간 동안 높은 수준의 주의를 요구하는 일을 하기 어렵다. 사고(thinking)는 많은 노력이 필요한 느리고 힘든 과정이다. 따라서 사람들은 자신만의 친숙한 패턴을 찾아 그동안 성공했던 사례를 문제에 적용하는 경향이 있다. 그리고 문제에 대해서 더 나은 해결책을 찾기보다는 현재의 해결책에 안주하려는 경향이 있다. 사람이 사고를 줄이고 의사 결정을 촉진하기 위해 종종 사용하는 정신적 편향 또는 지름길(shortcut)과 같은 사례는 다음 표의 내용과 같다.

구분	내용
가정(assumptions)	사실을 확인하지 않고 당연한 것으로 받아들인 조건이다.
습관(habit)	잦은 반복을 통해 습득한 무의식적인 행동 패턴이다.
확증편향 (confirmation bias)	확증편향은 원래 가지고 있는 생각이나 신념을 확인하려는 경향성이다. 흔히 하는 말로 "사람은 보고 싶은 것만 본다"와 같은 것이 바로 확증편향이다. 인지심리학에서 확증편향은 정보처리 과정에서 일어나는 인지편향 가운데 하나이다. 사람들은 자신이 원하는 결과를 간절히 바랄 때, 또는 어떤 사건을 접하고 감정이 앞설 때, 그리고 자신의 뿌리 깊은 신념을 지키고자 할 때 확증편향을 보인다. 확증편향은 원하는 정보만 선택적으로 모으거나, 어떤 것을 설명하거나 주장할 때 편향된 방법을 동원한다.
빈도편향 (Frequency bias)	자주 사용하는 해결책이 효과가 있을 것이라는 일종의 도박이다. 더 자주 발생하거나 더 최근에 발생한 정보에 더 큰 가중치를 부여하는 편향이다.

가용성 편향 (availability bias)	쉽게 떠오르고 만족스러워 보이는 해결책이나 행동에 안주하는 경향이다. 가용한 정보에 더 많은 가중치가 부여된다(틀릴 수 있음에도 불구하고). 이는 두 사건이 거의 동시에 발생하기 때문에 두 사건 사이에 인과 관계를 부여하는 경향과 관련이 있다.
사후 확신 편향 (hindsight bias)	후견지명(後見之明)이라고도 한다. 일어난 일에 대해 원래 모두 알고 있었던 것처럼 말하거나 생각하는 것을 뜻한다. 하지만 이것은 일이 발생하기 전 생각해 놓았던 것이 왜곡되어 받아들여질 수 있으며, 후에 일어날 사건을 예측할 수 있다는 것을 과시하기 위해 사용될 수 있다.

(3) 제한된 작업 기억(Limited Working Memory)

단기기억(short-term memory)은 문제 해결과 의사 결정 그리고 일시적이고 주의를 요하는 새로운 정보를 기억하는 데 사용된다. 또한 정보에 대한 학습, 저장 및 회상하는 데 사용된다. 대부분의 사람들은 종종 7＋1 또는 7−2로 표현되는 제한된 수의 항목을 한 번에 확실하게 기억할 수 있다고 알려져 있다. 단기기억의 한계는 건망증의 근원이 된다. 건망증은 어떤 작업을 수행할 때 해야 할 일을 누락하는 것이다.

(4) 제한된 주의 자원(Limited Attention Resources)

연구에 따르면 사람은 기껏해야 두세 가지 일에 동시에 집중할 수 있다고 알려져 있다. 주의는 한정적인 요인으로 사람이 특정한 한 가지에 강하게 이끌리게 되면 필연적으로 기존에 주의(관심)를 기울이던 요인을 잃어버리게 된다. 사람은 본질적으로 사용 가능한 감각 데이터의 아주 작은 부분에만 주의를 기울일 수 있기 때문이다. 더불어 사람의 주의력 집중은 오랜 시간 동안 유지하기 어렵다는 것을 인식해야 한다.

(5) 마음가짐(Mind-Set)

사람은 본질적으로 목표 지향적이므로 성취하고자 하는 것(목표)에 더 집중하는 특성이 있다. 따라서 사람은 자신이 기대한 사항이나 보고 싶어하는 것만 보는 경향이 있다. 사람은 자신만의 마음을 갖고 있으며, 그 마음을 기반으로 질서를 유지하여 정신모델(mental model)을 만든다. 사람은 한번 만들어진 자신의 정신모델 외부의 모든 것을 경시하는 경향이 있다. 이로 인해 자신의 정신모델에 맞지 않는 정보를 보기 어렵다. 이로 인해 사람들은 예상하지 못한 조건과 환경을 놓치는 경향이 있다. 또한 사람은 자신의 입장에 맞는 조건과 상황을 기대하기 때문에 실제 존재하지 않는 것을 보는 경향이 있다. 사람은 어떠한 목표를 달성하는 과정에서 잠재된 위험을 숨기는 경향이 있어 위험을 올바르게 보려고 하지 않는 경향이 있다.

(6) 자신의 오류를 보기 어려움(Difficulty Seeing One's Own Error)

사람은 특히 혼자 작업할 때 오류에 취약하다. 작업에 너무 가까이 있거나 다른 일에 몰두하는 사람들은 주변이나 자신의 행동에 이상이 있음을 감지하기 어렵다. 그 이유는 사람들은 자신과 관련한 당면한 문제 또는 작업에 집중하기 때문이다.

(7) 제한된 관점(Limited Perspective)

사람은 모든 것을 볼 수 없음에도 불구하고 모든 것을 볼 수 있을 것이라고 생각한다. 마치 잠겨져 있는 문의 열쇠 구멍으로 방 안의 모든 물건들을 다 볼 수 있다고 생각하는 것과 같다. 사람들이 갖는 이러한 생각으로 인해 어떤 사안에 대하여 부정확한 정신적 그림을 그리고 모델을 형성하여 잠재된 위험을 과소평가하는 과정으로 이어진다.

(8) 피로(Fatigue)

사람은 정해진 업무량을 초과하거나 다양한 환경 요인으로 인해 피곤을 느낄 수 있다. 세상이 보다 살기 좋아지고 편해졌지만 사람들은 더 오래 일하고 더 적게 잠을 잔다. 사람은 신체적, 정서적 그리고 정신적 피로로 인해 오류와 잘못된 판단을 할 수 있는 가능성이 높다. 사람이 피로를 느끼는 일반적인 상황은 생산압박, 시끄러운 환경, 인력과 자원 감축 및 수면 습관 등 다양한 요인이 있다. 여기에는 개인차에 따라 피로를 느끼는 수준이 서로 다르다. 사람이 피로를 느낄 경우, 추론과 의사 결정 장애가 나타날 수 있다. 그리고 경계 및 주의력 장애와 정신기능 및 반응 시간 저하 등이 일어날 수 있다. 또한 상황적 인식 상실과 부정적인 지름길(short cut)을 선택하는 상황으로 이어진다.

(9) 장시간 근무(Presenteeism)

어떤 사람은 질병이나 부상으로 인해 업무를 수행하기 어려움에도 불구하고 지속적으로 업무를 수행해야 하는 경우가 있다. 경미한 건강 문제가 있는 사람들이 지속해서 일을 하면서 심각한 건강상 장애를 가질 수 있다. 극단적인 경우에는 만성적이고 장애가 있는 구성원이 신체적 및 정신적 치료를 받지 못하는 경우도 있다.

3. 불안전한 태도와 위험한 행동(Unsafe Attitudes and At-Risk Behaviors)

3.1 불안전한 태도(Unsafe Attitudes)

태도(attitude)는 사람이 갖는 특정한 대상에 대한 마음의 상태 또는 느낌이다. 태도는 다양한 요인에 의해 영향을 받으며 사람의 경험, 다른 사람의 모범적인 모습, 누군가에게 받는 지도 그리고 후천적인 믿음 등에 의해 공식화된다. 태도는 교육에 따라 변화될 수 있고 사회나 해당 조직의 문화에 따라 영향을 받을 수도 있다. 불안전한 태도는 작업장에 존재하는 위험에 대한 자신만의 믿음과 가정으로 피해의 전조(잠재 위험 노출)를 보기 어렵게 만든다.

자부심, 영웅주의, 치명적, 낙천주의 및 정당화 믿음은 사업장에서 위험한 행동을 유발하는 불안전한 태도의 요인이다.

(1) 자부심(Pride)

자부심은 자신의 능력을 지나치게 높게 평가하는 거만함을 포함한다. 모든 일에 대한 판단을 자기 중심적으로 해석하기 때문에 다른 사람들의 의견을 무시하고 팀워크를 방해하는 요인이다. 어리석은 자부심을 가진 사람들은 자신의 기대나 목표가 달성되지 않을 경우 자신의 능력을 의심받는다고 생각한다.

(2) 영웅주의(Heroic)

훌륭한 활약이나 희생을 한 사람을 영웅으로 치켜세우는 것이다. 심지어 그들이 저지른 잘못조차도 은폐되고 미화되며 당연시된다. 영웅주의를 가진 사람의 행동은 일반적으로 충동적일 수 있다. 무언가를 빨리 끝내지 않으면 모든 것을 잃게 된다는 생각이 있다. 이 태도는 피해야 할 위험을 고려하지 않고 목표점에 극단적으로 초점을 맞추는 것이 특징이다.

(3) 치명적(Fatalistic)

모든 사건은 미리 결정되어 있고 불가피하며 운명을 피하기 위해 아무것도 할 수 없다는 패배주의적 믿음으로 "que será, será" 또는 "let the chips fall as they may"라는 말과 같다. 제1차 세계 대전 당시 프랑스 북부의 전장에서 수백만 명의 병사들은 장기간에 걸친 참호전을 해야 했다. 이러한 지루한 참호전 상황에서 과도한 숙명론적 현상이 나타났다. 공격하는 보병 부대는 항상 참호에 위치한 적의 기관총 사격에 직면했다. 매주, 매달, 해마다 똑같은 공격은 실패를 거듭하였다. 수백만 명이 죽고 다쳤지만 장군들은 계속 싸움을 이어갔다. 치명적인 태도는 치명적인 결과를 낳는다.

(4) 무적(Invulnerability)

모든 오류, 실패 또는 부상에 대한 무감각한 태도이다. 대부분의 사람들은 일반적으로 자신은 오류를 범하지 않을 것이라고 믿는다. 하지만 그런 일이 발생하여 피해가 발생할 경우 놀라움을 금치 못한다. 1912년 역사상 가장 큰 해상 사고인 타이타닉호 침몰 사고가 발생하였다. 배가 침몰할 수 없다는 무적의 마음을 기반으로 한 사람들의 태도는 충분한 구명보트를 구비하지 않았고, 선원들은 준비된 구명보트를 진수하지 못하는 결과를 낳았다.

(5) 낙천주의(Pollyanna-All is well)

사람들은 주변 환경에서 모든 것이 정상적이며 완벽하다고 생각하는 경향이 있다. 사람은 지각(perception)의 차이를 파악하고, 부분보다는 전체를 보는 경향이 있다. 이로 인해 무의식적으로 모든 것이 계획대로 잘 될 것이라고 믿는다. 이러한 태도는 위험에 대한 부정확한 인식을 조장하고 사람이 비정상적인 상황이나 위험을 무시하도록 유도하여 적절한 반응을 하는 것을 늦춘다.

(6) 정당화 믿음(Bald Tire)

과거의 좋은 결과를 믿고 기존 관행이나 조건을 변경(개선)하지 않는 것이 정당화 믿음이다. 이와 관련한 예를 들면, 이 타이어는 100,000km를 달렸지만 아직 펑크가 나지 않았고 더 버틸 수 있다는 믿음이다. 그리고 과거에는 문제가 없었고, 우리는 항상 이런 식으로 해왔다는 마음가짐이다. 특히 다수의 사람들은 결과가 좋다면 과정은 중요하지 않으며, 관련 기준을 준수하지 않아도 된다는 유혹을 느낄 수 있다.

3.2 위험한 행동(At risk behavior)

위험한 행동은 어떠한 일을 안전하지 않게 하는 행동으로 일반적으로 정해진 기준이나 규칙을 준수하지 않는 행동을 포함한다. 위험한 행동은 안전한 상태에서 위험한 상태로 이동하는 행동으로 좋지 않은 결과나 피해를 유발할 가능성이 높다. 사업장에 존재하는 위험한 행동에는 아래와 같은 내용을 포함한다.

- 활동을 서두르는 것
- 안전기준을 준수하지 않는 행동
- 여러 가지 일을 한꺼번에 수행하는 행동
- 적절한 보호 장치나 보호구 없이 작업을 수행하는 행동
- 무모한 방법으로 작업을 수행하는 행동
- 내용물을 알지 못한 채 위험 물질 저장 탱크를 개방하는 행동 등

위험한 행동을 하는 사람은 자신만의 위험한 행동에 대한 신뢰가 내재되어 있다. 이러한 상황은 자신은 어리석지 않고 오류를 범하지 않을 것이라는 오래된 믿음을 기반으로 발생한다. 이런 사람은 장기적으로 위험을 낮게 평가하고 사건 발생을 당연하게 여긴다. 관리자와 감독자는 마치 과속을 하는 차량을 CCTV가 모니터링하듯이 근로자의 위험한 행동에 대하여 구체적인 피드백을 제공해야 한다. 근로자는 자신의 위험한 행동이 더 이상 용납될 수 없다는 것을 알게 되면, 추가적인 오류를 범할 가능성이 줄어들 것이다.

4. 부주의, 망각, 착각, 오류와 위반(Slips, Lapses, Mistakes, Errors and Violations)

Reason(1990)은 사람의 불안전한 행동을 "의도하지 않은 행동(unintended action)"과 "의도한 행동(intended action)"으로 분류하였다. 그리고 의도하지 않은 행동을 부주의 (slip) 및 망각(lapse)으로 구분하고 의도한 행동은 착각(mistake)과 위반(violation)으로 구분하였다. 그리고 부주의(slip), 망각(lapse) 및 착각(mistake)을 기본적인 인적오류 (human error)라고 정의하였다.

사람은 의도적으로 오류를 범하지 않는다. 오류는 의도하지 않게 예상된 동작에서 벗어나는 인간의 행동으로 악의를 갖거나 미리 계획하지 않은 행동이다. 인적오류는 조직의 부적절한 관리 및 리더십 관행과 성과 조건으로 인한 약점으로 인해 인적 한계와 작업 현장의 환경 조건 간의 불일치로 인해 발생한다. 부주의(slip)는 사람이 어떠한 일에 집중을 하지 못해 발생하는 오류이다. 그리고 망각(lapse)은 해야 할 일을 잊어버려 발

휴먼 퍼포먼스 개선과 안전 마음챙김

생하는 오류이다. 아래에 열거된 내용은 부주의와 망각을 일으키는 요인이다.

- 타이밍: 너무 이르거나 너무 늦거나 생략하는 요인
- 기간: 너무 길거나 너무 짧은 요인
- 시퀀스: 반전, 반복, 침입 요인
- 객체: 올바른 객체에 대한 잘못된 조치, 잘못된 객체에 대한 올바른 조치 요인
- 힘: 너무 적거나 너무 많은 힘의 요인
- 방향: 잘못된 방향 요인
- 속도: 너무 빠르거나 너무 느린 요인
- 거리: 너무 멀고 너무 짧은 요인

전술한 내용과는 달리 착각은 사람이 의도한 결과를 달성하기 위해 부적절한 계획을 사용할 때 발생한다. 여기에는 절차기반 착각(rule based mistake, 좋은 절차를 잘못 적용 또는 좋지 않은 절차 적용)과 지식기반 착각(knowledge based mistake, 잘못된 경험 적용)으로 구분할 수 있다.

4.1 실행오류(active error)

실행오류는 장비, 시스템 또는 시설 상태를 변경하면서 원하지 않는 결과를 즉각적으로 일으킬 수 있는 관찰 가능한 사람의 행동이다. 근로자는 설비나 장비를 직접 취급하므로 대부분 실행오류를 범한다. 실행오류는 즉각적이고 원치 않는 결과를 초래할 가능성이 크다.

4.2 잠재오류(latent error)

잠재오류는 실행오류와는 달리 조직 내 숨겨진 약점 또는 잠재된 장비 결함으로 누적된다. 잠재오류는 발생 시점에 사람들이 의식하기 어렵고 눈에 띄지 않으며, 시설이나 사람에게 즉각적이고 분명한 결과를 주지 않는다. 잠재오류는 일반적으로 프로세스의 약점, 비효율성, 가치와 관행의 바람직하지 않은 변경 등에 영향을 주며, 실패 방어나 방벽을 약화시키는 역할을 한다. 잠재조건은 설계 결함, 제조 결함, 유지보수 실패, 결함 있는 도구, 교육 부족 등을 포함한다. 그리고 관리자, 감독자 및 기술 직원은 물론 현장

근로자는 잠재조건을 만들 수 있는 사람들이다. 일반적으로 절차, 정책, 도면 및 설계 기반 문서와 같은 지침은 불가피하게 부정확성을 포함하며, 잠재조건에 영향을 주는 요인이다. 잠재오류는 즉각적이지는 않지만 발생 시 치명적인 결과를 초래할 가능성이 크다.

4.3 실행오류와 잠재오류의 특징(characteristics of active and latent errors)

잠재오류는 실행오류보다 복잡하고 그 결과는 위협적이다. 미국 원자력규제 위원회(NRC, Nuclear Regulatory Commission)의 연구결과, 원자력 산업에서 6년 동안 발생한 35가지 사건에서 270개의 오류를 확인하였다. 이중 잠재오류는 81%를 차지하였고 실행오류는 19%를 차지하였다. 잠재오류 중 설계 및 설계 변경 오류와 유지보수 오류가 가장 많은 오류 유발 요인으로 알려져 있다. 다음 표는 실행오류와 잠재오류의 특징을 요약한 내용이다.

구분	실행오류	잠재오류
사람	근로자	관리자, 기술자, 근로자, 조직, 지원조직 등
대상	장비	서류, 가치, 믿음
시기	즉시	향후, 지연, 휴면
관찰가능 여부	쉬움	어려움

4.4 위반(violation)

위반은 정해진 기준, 규칙이나 정책을 의도적으로(미리 고려하여) 지키지 않는 행동이다. 위반의 종류에는 일반적인 위반, 예외적인 위반, 상황적인 위반, 최적화 위반 및 사보타주(sabotage)등이 있다. 위반은 회사의 목표 달성과 관리감독자의 지시에 의해 근로자가 범하는 행동으로 잘 해 보려고 하는 진정한 욕구에서 발생하는 선의의 행동을 포함한다.

기준이나 규칙을 위반하는 사람의 고의적인 결정은 개인이 갖는 동기 부여 또는 조직의 문화적인 문제와 관련이 있다. 위반은 사람들이 오랜 기간 일반적으로 수용한 관행적인 행동과 조직에서의 가치와 리더십과의 함수적인 관계로 인해 발생한다. 사람들은 좋지 않은 환경, 자원, 지원에도 불구하고 회사가 정한 기준을 일부 우회해 가면서 회사와 조직의 목표를 달성해 가는 경향이 있다. 특정한 상황에서 위반으로 인한 문제가 발생할 경우, 그 과정에는 근로자, 감독자, 관리자, 엔지니어, 심지어 경영층까지도 해당하는 위반에서 자유로울 수 없다는 원칙을 가져야 한다.

한편, 사람들은 정해진 기준이나 규칙을 지키는 것이 싫어 의도적으로 위반을 하는 경우도 있다. 사람은 일반적으로 위험을 과소평가하며, 자신은 오류를 범하지 않을 것이라고 무의식적인 가정을 한다. 그리고 사람들은 자신이 통제력을 유지할 것이라는 능력에 대한 과신을 한다. 아래 표의 내용은 사람들이 위반을 하면서 동기를 부여하는 상황이다.

- 자신의 위반 여부가 감지될 가능성이 낮음
- 동료가 구성원의 위반을 보고 교정하지 않음
- 팀 또는 작업 그룹에 의한 동료들 간의 압력
- 자신의 경험을 믿고 기준을 변경할 권한이 있다는 개인의 인식
- 잠재적인 결과에 대한 무지-인지된 낮은 위험
- 다른 개인 또는 작업 그룹과의 성과나 목표 경쟁
- 작업 목표를 달성하는 데 방해가 되는 요소 또는 장애물을 제거하기 위함
- 우리는 항상 이런 식으로 해왔다(권위로 인한 암묵적인 수용)라는 선례주의

고의적이고 의도적인 결정으로 인한 위반과 고의적이지 않고 의도하지 않은 결정으로 인한 위반 간의 차이를 분별하는 것은 중요하다. 그리고 조직의 징계 시스템은 전술한 위반 상황을 적절하게 검토하여 반영해야 한다. 이러한 검토는 공정문화(Just Culture)를 만드는 데 반드시 필요한 요인이다.

5. 종속성과 팀 오류(Dependency and Team Errors)

종속성이란 오류를 예방하는 하나의 방벽이 다른 방벽의 조건이나 강도에 의해 불리한 영향을 받을 수 있는 상황을 의미한다. 예를 들어, 철도 산업의 기차 운영자는 일반적으로는 기차에 설치된 자동 신호 검지장치에 의존하므로 기차 운행과 관련한 모니터링과 경계를 늦출 수 있다. 이 경우 자동 신호 검지장치에 문제가 생길 경우 대형사고로 이어질 수 있다. 이러한 상황은 기차 운전에 있어 자동 신호 검지장치와 사람은 하나의

종속성을 갖고 있다고 볼 수 있다. 따라서 오류를 예방하기 위한 통제는 독립적으로 구축되어야 한다. 만약 그렇지 않을 경우 하나의 오류가 또 다른 오류로 이어질 수 있기 때문이다.

하드웨어 제어 또는 물리적 안전 장치가 항상 작동한다는 가정으로 인해 사람이 경계를 늦추는 장비종속성, 함께 일하는 두 명 이상의 사람들 사이의 사회적(대인 관계) 상호작용으로 인한 팀 종속성 그리고 안일함과 과신으로 인한 개인적 종속성이 존재한다.

5.1 장비 종속성(Equipment Dependencies)

사람이 시설이나 장비를 신뢰할 경우 경계 수준을 낮추거나 작동 중에 장비 모니터링을 중단할 가능성이 크다. 수치 및 압력 제어 등과 같은 자동화로 인해 장비 종속성이 일어날 가능성이 크다. 사람은 지루한 작업과 오랜 기간 동안 장비를 반복적으로 다루거나 모니터링 할 경우, 경계 수준이 낮아질 수 있으며 기준이나 절차를 어기려고 하는 유혹을 받을 수 있다. 그 결과 관련 기록을 위조하는 등의 위반이 일어날 가능성이 있다. 특히 컴퓨터 시스템이 구비된 시설에서 사람은 경계를 늦출 수 있다.

이러한 문제를 해결하기 위해서는 강제 기능 및 인터록 적용, 경고 시스템의 고장 알림, 장비 또는 구성 요소의 유형 다양화, 자동 시스템의 고장 모드와 이를 감지하는 방법에 대한 교육 시행이 필요하다. 그리고 도구, 계측 및 제어의 복잡성을 최소화하는 방안을 적용해야 한다.

5.2 팀 오류(Team Errors)

일반적으로 두 명 이상의 사람이 작업을 수행한다고 해서 작업이 올바르게 수행된다는 보장은 없다. 작업과 관련한 성공과 실패는 작업을 수행하는 그룹 간의 상호작용에 영향을 받을 수 있다. 팀으로서 업무를 추진하거나 작업을 하는 경우에는 서로가 서로를 믿거나 서로가 서로를 불신하는 상황으로 인하여 불안전한 상황을 초래할 수 있다. 아래 논리 다이어그램은 기술자의 성과를 확인하는 감독자(또는 동료)의 예를 사용하여 팀의 종속성을 수치적으로 보여준다. 기술자와 감독자(또는 동료) 사이의 완전한 독립성을 가정하면 오류가 발생할 가능성은 백만분의 1이다. 그리고 전체 작업 신뢰도는 99.9999%이다. 하지만 감독자(또는 동료)가 기술자의 작업을 면밀히 확인하지 않으면 오류가 발생할 가능성은 천분의 1로 증가한다.

(1) 후광 효과(Halo Effect)

후광 효과는 특정 개인의 능력을 맹목적으로 신뢰하는 현상이다. 사람들이 어떤 사람의 특별한 경험, 자격 또는 권위 등을 의식하여 그들이 범하는 오류에 대한 경계를 푸는 현상이다. 후광 효과로 인해 중대한 문제가 일어날 수 있는 곳은 병원의 수술실이다. 이곳에서 근무하는 저명한 외과의사의 위험한 지침이나 지시를 거스를 수 없는 상황이 후광 효과의 좋은 예이다. 후광 효과와 관련이 있는 오류로 인해 미국에 있는 병원에서 사망하는 사람이 약 44,000명에서 90,000명 사이인 것으로 추산된다.

(2) 조종사와 부조종사(Pilot & Co-Pilot)

조종사와 부조종사가 같이 있는 곳에서 부조종사는 자신의 낮은 지위로 인해 높은 지위에 있는 사람의 명령이나 지시를 어길 수 없다. 더욱이 낮은 지위에 있는 부조종사는 조종사와 업무를 할 때 과도한 수준으로 예의를 표해야 한다. 그리고 조종사가 지시하는 내용에 대해 비판적으로 생각하거나 이의를 제기하면 안 되며 무의식적으로 받아들여야 한다.

1997년 대한항공 801편 괌 추락 사고 관련으로 대한항공의 전 기장이자 교통부 비행검사관인 박재현의 진술에 따르면, 조종석은 순종과 종속에 따라 운영된다고 하였다. 부조종사는 조종사의 조종 기술에 문제가 있어도 의견제시를 할 수 없었다고 했다. 1997년 8월 6일 대한항공 보잉 747호가 괌 활주로에서 몇 마일 떨어진 언덕에 추락하여 228명의 승객과 승무원이 사망하는 사고가 있었다. 이 사고는 항공사고 중 주요 참사이며, 조종사의 인적오류 그리고 후광효과에 의해 발생한 사고이다.[4] 대한항공 보잉 747호기 괌사고에 대한 월스트리트 저널(1999)의 논평을 정리하면 아래 표와 같다.

- 한국의 독특한 사회와 문화 요인에 의해 항공사고가 발생한다.
- 전직 공군 조종사 출신의 사람들이 민간 항공기를 조종하므로 상명하복의 문화가 군대와 사회에 만연되어 있다.
- 공군 사관학교 졸업생들이 착용하는 레드 스톤 반지는 즉각적인 존경을 표한다.
- 부조종사는 기장인 조종사에게 복종할 수밖에 없는 상황이 존재한다.
- 저널은 한국의 특정 문화적 요인이 항공사의 안전에 악영향을 미친다는 점을 지적하였다.

(3) 무임승차(Free Riding)

무임승차란 일을 하거나 주도권을 잡는 사람(들)의 의도와 행동을 적극적이고 확실하게 판단하지 않고 행동하는 경향을 의미한다. 일반적으로 무임승차한 사람은 어떠한 일을 할 때 자신의 일이 아니라고 생각하고 반응적인 행동을 한다.

1984년 인도 마디아프라데시 주 보팔에 있는 유니온 카바이드 인도 현지 법인(UCIL, Union Carbide India Ltd)인 보팔 공장에서 치명적인 사고가 발생했다. 당시 사고는 농약의 원료로 사용되는 42톤의 아이소사이안화메틸(Methyl isocyanate, 이하 MIC)이라는 유독가스가 누출되면서 시작되었다. 사고가 발생된 지 2시간 동안 저장 탱크로부터 유독가스 8만 파운드(36톤 상당)가 노출되었다. 이 사고로 현장에서 사망한 사람이 약 3,787명이었다. 그리고 가스 누출 후유증 등으로 인한 추가 사망자는 16,000명 이상이었고, 부상자는 약 558,125명 이상이었다.

MIC는 불안정하고 물에 대한 반응성이 매우 높아 물과 섞이면 치명적인 화학반응이 일어난다. 따라서 정비(배관 세척 등) 동안 MIC를 담고 있는 탱크에는 물이 들어가지 못하도록 수동 안전밸브가 설치되어 있다. 만약 정비 동안 수동 안전밸브에 문제가 생기면 MIC 탱크에 물이 들어가게 된다. 그리고 매우 높은 수준의 반응폭주(runaway reaction, 화학물질을 보관하는 탱크에 발열반응이 일어나고 냉각실패로 인해 탱크 내부 온도와 압력이 비정상적으로 상승하는 이상반응)가 발생한다.

이 사고를 일으킨 원인을 살펴보면, i) 설계, 절차 및 교육 관련: 관련운전 지침상 MIC를 탱크에 50% 이상 채우지 말아야 했지만 운영 감독은 85%까지 MIC를 채우고 운

---

4) Strauch, B. (2017). *Investigating human error: Incidents, accidents, and complex systems*. CRC Press.

영하였다. 그리고 공장은 지속적인 손실로 인해 생산능력의 1/3 정도만 가동되면서 근로자 수가 줄었다. 그리고 새로운 근로자가 채용되었지만 공장 시설에 대한 교육이 효과적으로 이루어지지 않았다. ii) 냉각시스템 관련: 탱크 내부의 반응열을 막기 위해 설치되었던 냉동 시스템은 비용 절감을 이유로 작동이 되지 않았다. iii) 계측 및 수동조작 관련: 교대 근무자에게 탱크의 상황을 알릴 수 있는 고온 및 높은 수준의 경보 장치가 설치되어 있었다. 그리고 교대 근무자는 탱크의 압력과 온도가 올라가는 것을 알고 있었지만, 별도의 조치를 취한 기록은 없다. iv) 자동화 관련: 탱크 내부의 반응폭주를 억제할 수 있는 비상정지 시스템(ESD, Emergency Shutdown System)이 없었다. v) 세정기 관련: 유독가스가 배출될 경우 이를 자동으로 세정시켜 주는 세정기(Scrubber)도 있었으나 1개월 넘게 고장나 있었다. vi) 소각 시스템 관련: 누출된 가스를 태우는 소각 시스템(Flare stack)이 있었으나 파이프가 고장나 작동이 불가능했었다. vii) 비상대응: 근로자 대피명령은 12월 3일 새벽 0시 50분에 이루어졌지만 이때는 사이렌이 공장 내에서만 울려 근로자들만 대피시켰다. 그리고 외부에서도 들을 수 있게 사이렌이 제대로 울린 것은 가스가 본격적으로 누출되기 직전인 새벽 2시 10분이었다. viii) 슬립 밸브 관련: 이러한 사고를 막기 위해 배관 세척 중에는 슬립 블라인드[5]를 밸브에 추가로 삽입하여 MIC 탱크에 물이 들어가는 것을 막아야 했다.[6]

전술한 다양한 원인 외에도 다양한 상황이 있을 수 있다. 1984년 12월 2일 사고 당일 유지보수 감독자는 다른 업무로 인해 부재 중이었고, 교대 감독자의 지시에 따라 정비 근로자는 배관 세척(flush) 작업을 했다. 하지만 정비 근로자는 밸브에 슬립 블라인드를 설치하지 않은 것을 알고 있었지만, 그것은 자신의 업무가 아니고 다른 사람이 잘 알아서 했을 것이라는 판단으로 조치하지 않았다. 이러한 근로자의 판단은 무임승차와 관련이 깊은 행동이다.

(4) 그룹의 생각(Groupthink)

응집력, 충성도, 합의 그리고 헌신은 모두 팀이 갖는 독특한 속성이다. 그러나 때때로 이러한 속성이 팀의 의사 결정에 좋지 않은 결과를 초래할 수 있다. 팀 운영의 조화를 유지하기 위해 문제나 이슈를 공론화하는 것을 꺼린다. 그룹의 생각은 부하 직원이 상

---

5) 슬립 블라인드(slip blind)는 파이프라인이나 기타 개구부를 밀봉하는 데 사용되는 플랜지 유형이다.
6) Willey, R. I. (2014). Consider the Role of Safety layers in the Bhopal Disaster. *Chemical Engineering Progress, 110*(12), 22−27.

사나 상급 관리자를 불쾌하게 하지 않기 위해 좋은 소식만 공유하는 현상으로 발현될 수 있다. 아래 표의 내용은 집단사고를 이루는 그룹의 상황이다.

구분	내용
무적의 환상 (Illusion of invulnerability)	과도한 낙관주의를 만들고 극도의 위험 감수를 조장한다.
집단적 합리화 (Collective rationalization)	결정을 다시 내리기 전 집단적으로 합리화하여 경고의 수준을 낮춘다.
의심할 여지가 없는 도덕성 (Unquestioned morality)	그룹이 갖는 고유한 도덕성을 믿어 의심치 않아 윤리적 또는 도덕적인 문제를 일으킬 경향이 있다.
고정관념 (Stereotyped view)	잘 변하지 않는 행동으로 확고한 의식이나 관념이다. 집단이 갖는 단순하고 지나치게 일반화된 생각들이다.
직접적인 압력 (Direct pressure)	팀이나 그룹 구성원이 올바른 지적이나 의견을 내지 못하도록 하는 압박이다.
자기 검열 (Self-censorship)	아무도 강제하지 않지만 위협을 피할 목적 또는 타인의 감정을 상하게 하지 않을 목적으로 자신의 표현을 스스로 검열하는 행위이다.
만장일치의 환상 (Illusion of unanimity)	만장일치를 강조하여 의견을 내지 않는 침묵을 동의로서 간주한다는 생각이다.

(5) 책임 분산(Diffusion of Responsibility)

두 명 이상의 사람이 어떤 일을 수행할 때 서로의 의견이 다른 가운데 상호 협의가 될 경우, 그들은 개인 스스로 내린 결정보다 위험을 감수하면서 안전절차를 무시할 가능성이 높다. 이러한 행동 방식을 책임 분산이라고 하고, 때로는 군중 사고방식(herd mentality)이라고도 한다. 책임 분산은 사고를 유발하는 하나의 요인으로 미국 에너지부 관할 현장에서 발생했던 사례를 아래와 같이 살펴본다.

1980년대 후반 미국 에너지부 관할 공장에서 관리자는 근로자들과 함께 주말 동안 펌프 교체 작업을 수행하였다. 이 작업은 비정상적으로 오랫동안 운영되지 않았던 시스템의 가동을 지원하기 위한 펌프 작업이었다. 하지만 펌프 교체 작업은 순조롭지 못했다. 그리고 관리자와 근로자들은 펌프 교체 작업 지연으로 인해 공장 운영이 어려워질 것이라는 압박감을 갖고 있었다. 이에 따라 그들은 정해진 규정이나 절차 등을 위반하게 되었다. 물론 당시 상황으로 보면 그들이 내린 결정은 긴급한 상황이므로 절차를 위

휴먼 퍼포먼스 개선과 안전 마음챙김

반하는 것이 일리가 있는 것으로 보였다. 하지만 이러한 책임 분산으로 인한 사고를 막기 위해서는 잠시 멈춤 제도(timeout)를 통해 누군가가 안전절차의 중요성을 주지시켜야 했다. 그리고 모든 근로자들에게 긴급한 상황일지라도 정해진 절차 준수의 중요성을 일깨우는 교육을 시행해야 했다. 조직은 두 명 이상이 어떠한 결정을 내려야 하는 상황에서 안전한 결정을 내릴 수 있도록 지속적인 교육과 훈련을 지원해야 한다.

5.3 개인적 종속성(Personal Dependencies)

개인적 종속성은 사람이 외부의 환경이나 다른 사람에게 의존하는 경향이다. 개인적 종속성이 있는 사람은 일반적으로 다른 사람, 가족 및 종교 단체 등에 도움을 구한다. 이러한 도움에는 매우 늙거나 아프거나 장애가 있는 사람이 보호자에게 의존하는 신체적 도움, 학생이 선생님에게 그리고 후배가 선배에게 의존하는 인지적 도움, 안심과 안정을 위해 다른 사람에게 의존하는 안정적 도움 등이 있다. 이러한 종속성은 좋은 면과 좋지 않은 면이 있는데, 좋지 않은 면에는 나약함, 미성숙, 수동성, 불안전한 행동 등 자율적이고 성숙하며 안전한 생활을 유지하는데 장애물이 된다.

좋지 않은 개인적 종속성이 있는 사람은 그동안 자신이 경험한 내용과 숙련도 또는 자격 등을 기반으로 자신만의 종속성을 따라 어떠한 오류도 범하지 않을 것이라는 생각을 한다. 결과적으로 개인적 종속성은 인적오류를 일으킨다. 개인적 종속성을 개선하기 위해서는 휴먼 퍼포먼스를 개선할 수 있는 프로그램 시행이 필요하다.

6. 성과모드(Performance mode)

6.1 정보처리와 기억 그리고 주의(Information Processing, Memory, and Attention)

인지(recognition)는 앎의 정신적 과정이다. 인지는 지각, 심상, 사고, 기억, 문제 해결, 의사 결정, 학습, 언어 및 운동 활동의 의식적인 방향을 포함하는 우리의 정신 활동이다. 인지 과정을 통해 우리는 정보에 주의를 기울이고, 인식하고, 처리하고, 저장하는 방법 그리고 우리가 기억에서 정보를 검색하고 그에 따라 행동하는 방법을 찾는다. 우리가 범하는 다수의 오류는 이러한 인지 과정과 관계가 있다.[7]

---

7) Wickens, C. D. (1976). The effects of divided attention on information processing in

(1) 단기 감각기억(Short Term Sensory Memory)

단기 감각기억(STSM, Short Term Sensory Memory)에는 감각 시스템(시각, 촉각, 후각, 미각 및 청각)에 해당하는 감각 레지스터 또는 저장소가 있다. 각 감각기억은 자극(stimuli)을 단기기억으로 처리할 수 있는 형태로 잠시 저장하고 변환한다. 사람은 들어오는 모든 정보에서 주목할 필요가 없는 정보는 버리면서 새로운 정보를 덮어쓰기 하듯 받아들인다.

(2) 단기기억

단기기억(Short Term Memory, 이하 STM)은 단기감각 기억(STSM)에서 정보를 얻어 처리하며, 장기기억으로 정보가 보내지기 전 처리하는 기능을 한다. 일반적으로 STM의 저장 용량은 제한된 것으로 알려져 있다. STM에 들어간 정보는 장기기억으로 옮기기 위해 리허설하거나 다른 방식으로 의식적인 주의를 기울여 인코딩하지 않는 한 약 12~30초 후에 감소한다. 그리고 STM은 필요 시 장기기억에서 정보를 검색한다.

(3) 장기기억

장기기억(Long Term Memory, 이하 LTM)은 STM에서 정보를 받아 무기한 저장을 한다. 알려진 바에 의하면 LTM의 용량은 무제한이다. LTM은 우리 삶의 경험에 대한 모든 학습과 기억을 담고 있다.

사람은 하나 이상의 작업(예: 자동차를 운전하면서 동승자와 동시에 대화)을 수행하는 동안 주의(Attention)를 기울일 수 있다. 주의를 통해 어떤 작업은 다른 작업보다 얼마나 더 많은 주의가 필요할 지 판단한다. 사람은 다양한 상황에서 주의를 기울이는 동안 소모되는 에너지를 절약하기 위하여 습관적으로 시행하는 일들은 주의를 기울이지 않고 적은 에너지를 사용한다.

사람은 의식모드(conscious mode)와 자동모드(automatic mode)를 적절하게 사용하여 행동한다. 의식모드는 용량이 제한되고, 느리고, 힘들고, 순차적이며 오류가 발생하기 쉽지만 잠재적으로 매우 똑똑한 모드이다. 이 모드는 우리가 무언가에 주의를 기울이기 위해 사용하는 모드이다. 이 모드는 새로운 문제에 대한 해결, 전문적인 교육을 받고 판단해야 할 문제 또는 작성된 절차의 문제를 확인하는 데 사용된다.

자동모드는 의식모드와는 다르다. 이 모드에는 대체로 의식이 존재하지 않고 용량이

---

manual tracking. *Journal of Experimental Psychology: Human Perception and Performance, 2*(1), 1.

무한해 보인다. 그리고 매우 반응이 빠르고 병렬로 작동이 가능하다. 즉, 한 가지 일을 차례로 하기보다는 한 번에 많은 일을 할 수 있다. 일상 생활의 반복, 즉 매우 친숙한 일상 상황을 처리하는 데 수월하고 필수적이다. 사람들이 오류를 범할 때 일반적으로 다음 표와 같은 정보 처리 단계 중 하나 이상에 문제를 갖는다.

구분	내용
감각 (sensing)	감각은 자신의 바로 근처에 있는 정보를 인지하기 위한 시각적, 청각적 및 기타 수단(디스플레이, 신호, 말 또는 주변 환경의 단서)이다.
생각 (thinking)	생각은 정보를 통해 무엇을 할 것인지 결정하는 정신 활동이다. 정보 처리의 이 단계는 STM과 LTM(능력, 지식, 경험, 의견, 태도) 사이의 상호 작용을 포함한다.
행동 (acting)	행동은 눈으로 볼 수 있는 물리적인 인간의 수행이다.
주의 (attention)	주의는 어떤 정보가 STM으로 전송될 지 결정한다. 우리의 감각 시스템이 받아들일 수 있는 자극의 양은 무제한으로 간주된다. 그러나 STM에 저장할 수 있는 정보의 양은 일곱 개 (+2, -2)항목으로 제한된다.

주의는 기대(expectancy), 관련성(relevance), 하향식(top down) 그리고 상향식(bottom up) 요인에 영향을 받는다.

(4) 기대(Expectancy)

우리는 환경에서 감각 수용체(눈, 귀, 코 및 손가락)를 활용하여 정보를 파악하는데, 일반적으로 우리가 기대했던 상황과 다를 경우 놀라움을 느낀다. 기대는 우리의 감각 수용체를 통해 어떤 일이나 대상이 원하는 대로 되기를 바라고 기다리는 마음가짐이다.

(5) 관련성(Relevance)

우리는 당면 과제 및 목표와 관련된 정보나 자극을 찾는다. 우리의 주의는 자발적(내부적)이거나 외부 환경(외부적)의 자극을 통해 지속적인 교감을 주고받으면서 관련성을 찾는다.

(6) 하향식(Top-Down)

하향식 주의는 의도적으로 지시되며 사전 지식과 경험뿐만 아니라 기대와 관련성에 의해 영향을 받는다. 하향식 주의는 군중 속에서 친구의 얼굴을 찾거나 제어 디스플레이에서 특정 항목을 찾거나 부품 검사를 수행하는 등의 검색 작업 등이 있다. 하향식 주의는 상향식 주의보다 느리다. 이 과정은 주의력 조절과 관련이 있다. 주의력 조절은 기억 저장소에 있는 정보를 사용하여 의식적으로 무언가를 지시하는 과정이다. 이것은 개념 중심 또는 노력적 주의(concept-driven or effortful attention)라고도 한다.

(7) 상향식(Bottom-Up)

상향식 주의는 일반적으로 예상치 못한 사건이나 돌출에 따른 외부 자극에 의해 포착된다. 상향식 주의를 자동식 주의(automatic attention)라고도 한다. 상향식 주의는 밝은 빛의 섬광, 큰 소리, 미끄러운 상태로 인한 균형 상실 또는 물체의 충격 등에 대한 반응으로 나타난다. 상향식 주의는 매우 빠르며 자극 지각 후 최대 100-200milliseconds 내에 반응한다.

6.2 일반적인 오류 모델 시스템(Generic Error Model System)

1983년 Jens Rasmussen이 발표한 기술기반 행동(skill-based behavior), 절차기반 행동(rule-based behavior) 및 지식기반 행동(knowledge-based behavior)의 휴먼 퍼포먼스 기반(human performance model)인 SRK 모델을 근간으로 Reason은 1990년 일반적인 오류 모델 시스템(Generic Error-Model System, 이하 GEMS)을 소개하였다. GEMS를 통해 사람이 특정 작업을 위해 정보 처리를 하는 방법과 작업을 완료하는 과정에서 기술기반 행동(skill-based behavior), 절차기반 행동(rule-based behavior) 및 지식기반 행동(knowledge-based behavior) 간의 이동을 설명하고 사람의 오류 메커니즘을 확인 및 개선 방안을 마련할 수 있다.

기술기반 행동(skill-based behavior)은 의식적인 모니터링이 거의 없는 매우 친숙하거나 습관적인 상황에서 고도로 훈련된 신체적 행동이다. 이러한 행동은 일반적으로 중요한 의식적 사고나 주의 없이 기억에 의해 실행된다. 사람의 일상 활동 중 대략 90%가 기술기반 행동으로 수행된다고 볼 수 있다. 기술기반 행동(skill-based behavior)은 잘 훈련되고 숙련된 행동으로 잔디 깎기, 망치나 기타 수공구 사용, 다양한 프로세스를 수동으로 제어(예: 압력 및 레벨), 태그 걸기, 일상적인 샘플의 화학 성분 분석, 반복 계산 수행, 측정 및 테스트 장비 사용, 밸브 열기, 기록하기 그리고 유지 보수 중 부품 교체 등을 포함한다. 기술기반 행동의 일반적인 오류는 우편을 보낼 때 보내는 사람 주소에 최근에 변경한 주소 대신 옛 주소를 적는 행동이 포함된다. 그리고 시설의 펌프 A와 B를 차단하려고 하였으나, 펌프 C와 D도 차단해 버리는 행동이 포함된다. 원자력 산업 연구에 따르면 이상적인 조건에서 기술기반 행동의 오류 가능성은 1/10,000 미만이다. 그리고 모든 오류(기술기반, 절차기반 및 지식기반 행동) 중 25% 정도가 기술기반 행동에서 비롯된다. 기술기반 행동의 문제는 사람들이 작업에 익숙하고 친숙도가 높아 인지된 위험이 실제 위험과 일치할 가능성이 적다. 사람들은 위험에 익숙해지고 결국에는 위험에 무감각해진다.

절차기반 행동(rule−based behavior)은 상황에 익숙하고 경험이 풍부한 운영자가 처리하는 방식이다. 절차기반의 행동을 하기 위하여 사람은 과거의 경험과 절차를 검토하면서 입력을 비교한다. 여기에서의 절차는 입력과 적절한 작업 간의 "if−then" 연결로 생각할 수 있다. 작업자가 탱크로 유입되는 낮은 유량을 감지하고 유량이 설정 값에 도달하도록 밸브 출력을 증가시키는 등의 행동이 절차기반 행동의 예이다. 그리고 예방정비 시 점검된 볼 베어링 교체 여부 결정, 제어 보드 알람에 응답, 온도 변화를 기반으로 탱크 수위의 변화 추정, 방사선 조사 수행, 비상 운영 절차 사용 그리고 작업 패키지 및 절차 개발 등을 포함할 수 있다. 이상적인 조건에서 절차기반 행동의 오류 가능성은 1/1,000 미만이다. 그리고 모든 오류(기술기반, 절차기반 및 지식기반 행동) 중 60% 정도가 절차기반 행동에서 비롯된다. 절차기반 행동의 문제는 올바른 절차를 잘 못 적용하는 경우 그리고 절차가 현장 상황과 다르게 정의되어 발생할 수 있다.

지식기반 행동(knowledge−based behavior)은 새로운 상황에 직면한 경우 그리고 운영자가 관련 경험이 없는 경우 처리하는 방식이다. 과거 경험과 절차가 없으므로 사고와 판단과정은 심사숙고이다. 경험이 없는 작업자는 프로세스의 개념적 이해와 정신적 모델로 돌아가 상황을 진단하고 조치를 취하기 위한 계획을 세운다. 지식기반 행동은 문제 해결, 새로운 디자인의 엔지니어링 평가 수행, 변경 의도에 대한 절차 검토, 충돌하는 제어 보드 표시 해결, 문제 해결을 위한 회의 개최, 과학 실험 수행, 인적 성능 문제 해결, 기획 비즈니스 전략, 목표 및 목표, 이벤트의 근본 원인 분석 수행, 동향 분석 실시, 설계 장비 수정, 예산 할당 결정, 자원 할당, 변화하는 정책과 기대치 그리고 공학적 계산을 수행하는 것을 포함한다. 이상적인 조건에서 지식기반 행동의 오류 가능성은

1/2에서 1/10까지이다. 그리고 모든 오류(기술기반, 절차기반 및 지식기반 행동) 중 15% 정도가 지식기반 행동에서 비롯된다.

신입직원은 대부분의 업무를 지식기반 수준에서 작업하며 때로는 절차를 확인하면서 경험이 쌓이고 교육훈련을 받으면서 절차기반 행동을 할 수 있다. 전문가(숙련된 작업자)는 대부분 기술기반 수준에서 작업하는 경향이 있지만 상황에 따라 기술기반, 절차기반 및 지식기반 행동을 적절하게 한다. 근로자가 기술기반, 절차기반 및 지식기반 행동을 잘할 수 있도록 인간과 기계의 상호작용(HMI, human-machine interface) 설계와 지원이 필요하며, 세 가지 수준의 행동 기준에 근거하여 인적오류를 방지할 수 있는 대응 방안이 마련되어야 한다.

6.3 정신모델(Mental Models)

정신모델은 사람이 염두에 두고 있는 지식(사실 또는 가정)에 대한 구조화된 모습이다. 정신모델은 시스템이 포함하는 것, 구성 요소가 시스템으로 작동하는 방식, 그렇게 작동하는 이유, 시스템의 현재 상태 그리고 자연의 기본법칙을 감지할 수 있도록 도움을 준다. 사람은 자신을 둘러싼 다양한 현실을 자신이 기억할 수 있는 정신적 이미지(예: 간단한 한 줄 그림)로 단순화하여 복잡한 상황을 처리한다. 정신모델은 전술한 기술기반 행동, 절차기반 행동 및 지식기반 행동을 하기 위해 사용되지만, 특히 기술기반 오류를 감지할 수 있는 능력을 제공한다. 정신모델의 이러한 좋은 능력에도 불구하고 인간 본성의 한계로 인하여 정신모델은 어느 정도 부정확하다는 점을 유의해야 한다.

6.4 가정(Assumptions)

지식기반 행동을 해야 하는 사람은 처해진 상황에 따라 다양한 스트레스를 받을 수 있다. 이러한 상황에서 사람은 스트레스로 인한 부담을 줄이고 직면한 문제를 쉽게 풀기 위해 적절한 가정을 한다. 또한 사람들은 불확실성을 경험할 때 더 많은 가정을 하면서 문제를 해결한다. 가정은 안전하지 않은 태도와 부정확한 정신모델의 결과로 발생한다. 예를 들면 "우리는 항상 …이다" 또는 "나는 …을 믿는다"와 같은 생각은 정확하지 않은(안전하지 않은) 정신모델로 이어져 오류를 일으킬 수 있다. 부정확한 정신모델을 유도하는 가정을 개선하기 위해서는 도전적인(challenging) 가정을 통해 정신모델을 개선하고 문제를 해결하며 팀 성과를 최적화하는 것이 중요하다. 그리고 중요한 문제 해결 상황에서 다음 표와 같은 악마의 옹호자를[8] 지정하면 더 좋은 해결책을 얻을 수 있다.

- 다른 사람이나 자신이 내린 결론을 확인한다.
- 결론에 이르는 데이터를 요청하거나 식별한다. "어떻게 그 데이터를 얻었는가?", "문제의 원인은 무엇인가?"
- 데이터와 결론을 연결하는 추론(정신모델)을 물어본다. "말이...?", "왜 그렇게 생각하는가?"
- 가능한 신념이나 가정을 추론한다.
- 다른 사람의 가정을 검증한다.

6.5 정신적 편견/지름길(Mental Biases/Shortcuts)

사람은 모호한 상황에서 질서를 추구하고 자신이 인식하는 방식으로 행동하는 경향이 있다. 정신적 편견/지름길은 불확실한 상황 속에서 질서와 단순함을 부여하여 정신적인 노력을 줄이고자 하는 과정이다. 이러한 과정에서 발생하는 부정적인 편견에는 확증 편견, 유사성 편견, 빈도 편견, 가용성 편견 및 대표 편견 등이 있다.

6.6 보수적 결정(Conservative Decisions)

보수적이라는 용어가 갖는 의미에는 안전, 신뢰성, 품질 및 보안 등의 의미가 있다. 그리고 현재 생산 일정과 압박에도 불구하고 사람을 보호한다는 의미를 담고 있다. 조직이 생산성 향상이나 이윤 추구를 위하여 자원을 줄이거나 인력 투입을 줄인다면 그만큼의 불안전한 요인이 존재할 것이다. 이러한 상황에서 모든 결정은 안전한 방향인 보수적인 결정이 되어야 한다. 보수적인 결정을 하기 위해서는 아래 표의 내용을 사전에 검토해야 한다.

- 안전과 신뢰성을 좋지 않게 하는 요인을 확인한다.
- 해당 전문지식을 갖춘 사람에게 신속한 도움을 요청한다.
- 성급한 결정과 행동을 피한다.
- 역할과 책임을 할당한다.

---

8) 악마의 옹호자(Devil's advocate): 토론이나 논쟁에서 다른 의견을 표현하는 사람.

- 다양한 대안의 안전성과 신뢰성에 대한 잠재적인 결과를 이해한다.
- 의도적이고 신중하게 제어된 접근 방식을 채택한다.
- 명확한 방향, 역할 및 책임 및 중단 기준을 제공하여 신중한 결정을 내린다.

7. 오류 가능성이 있는 상황(Error likely situation)

오류 가능성이 있는 상황(Error likely situation)은 오류 전조가 있는 상황에서 특정 작업을 수행하는 경우이다. 오류 가능성이 있는 상황은 예측, 관리 및 예방이 가능하다.

7.1 오류 전조(Error Precursors)

오류 전조(Error precursors)는 사람이 오류를 범할 가능성을 높이는 불리한 조건이다. 오류 전조를 일으키는 요건에는 과제의 요구사항(task demands), 개인의 능력(individual capabilities), 작업 환경(work environment) 그리고 인간본성(human nature)이 있다.

구분	내용
과제의 요구사항 (task demands)	할당된 업무가 사람의 능력을 초과하는 것을 확인할 수 있는 정신적 그리고 신체적 요구 사항과 물리적 요구 사항, 작업 난이도 및 복잡성을 검토한다. 과제의 요구사항과 관련한 문제는 과도한 작업량, 서두름, 동시 작업, 불명확한 역할 및 책임 및 모호한 기준 등이 있다.
개인의 능력 (individual capabilities)	특정 작업의 요구 사항을 충족하지 못하는 사람의 정신적, 신체적 및 정서적 특성으로 인지적 및 신체적 제한이 포함된다. 예를 들면 안전하지 않은 태도, 부족한 교육 수준, 지식 부족, 숙달되지 않은 기술, 성격, 경험 부족, 잘못된 의사 소통 관행, 피로 및 낮은 자존감 등이 있다.
작업 환경 (work environment)	사람의 행동에 영향을 미치는 작업장, 조직 및 문화적 조건 등의 영향이다. 여기에는 어색한 장비 배치, 복잡한 작업 절차, 다양한 위험에 대한 작업 그룹의 태도, 작업 제어 프로세스, 온도, 조명 및 소음 등이 포함된다.
인간본성 (human nature)	습관, 단기 기억, 스트레스, 안주, 부정확한 위험 인식, 사고 방식 및 정신적 지름길과 같은 불리한 조건에서 사람이 오류를 범할 수 있는 일반적인 요인이다.

오류 전조는 오류의 전제 조건이므로 오류가 발생하기 전 존재한다. 오류 전조를 발견하여 제거하면 사람이 오류를 범할 가능성을 최소화할 수 있다. 예를 들면 부적절하게 표시된 밸브 또는 안전 시스템의 오작동 표시 개선, 고장 사다리 사용 중단, 누출된 오일 청소 그리고 불안전한 조건에서의 작업 중지 등의 조치가 있을 수 있다.

7.2 공통적인 오류 전조(Common Error Precursors)

미국 원자력발전협회(Institute of Nuclear Power Operation, INPO)는 사람이 범하는 오류를 작업 환경, 개인의 능력, 과제의 요구사항 및 인간본성(WITH, Work Environment, Individual capabilities, Task demand, Human nature)으로 더욱 구체화하여 구분하고 예시를 안내하였다.

(1) 작업 환경(Work environment)

구분	내용
1. 혼란 및 방해	·작업 순서에 따라 작업하는 동안 잠시 중지, 그리고 다시 시작하도록 요구 받는 작업 환경 조건
2. 일상의 변화와 일탈	·기존의 업무 방식에서 벗어남 ·작업이나 장비 상태에 대한 정보를 이해할 수 없도록 하는 익숙하지 않거나 예측하지 못한 작업 또는 작업 현장 조건
3. 혼란스러운 디스플레이 또는 컨트롤	·사람의 작업 기억이 혼동될 수 있도록 설치된 디스플레이 및 제어 장치의 특성 ·시설에 대한 설명이 누락되거나 모호한 내용(불충분하거나 관련성이 없음) ·특정 프로세스 매개변수 표시 부족 ·비논리적인 구성 또는 레이아웃 ·표시된 프로세스 정보에 대한 식별 부족 ·표시 간의 충돌을 구별하는 명확한 방법 없이 서로 가깝게 배치된 컨트롤
4. 계측오류	·보정되지 않은 장비나 프로그램의 결함
5. 잠재된(숨겨진) 시스템 응답	·장비나 기기 조작 후 사람이 볼 수 없거나 예상하지 못한 시스템 반응 ·어떠한 조치로 인해 장비나 시스템이 변경되었다는 정보를 받을 수 없음
6. 예상치 못한 장비 상태	·일반적으로 접하지 않았던 시스템 또는 장비 상태로 인해 개인에게

구분	내용
	익숙하지 않은 상황 발생
7. 대체 표시 부족	· 계측 장치가 없어 시스템이나 장비 상태에 대한 정보를 비교하거나 확인할 수 없음
8. 성격 갈등	· 두 명 이상의 사람이 함께 작업을 수행하는 경우 개인적 차이로 인해 주의가 산만해짐

(2) 개인의 능력(Individual capabilities)

구분	내용
1. 업무 미숙	· 작업 기대치나 기준을 알지 못함 · 작업을 처음 수행함
2. 지식 부족 (잘못된 정신 모델)	· 작업을 완료하는 데 필요한 정보를 알지 못함 · 작업 수행에 대한 실제적인 지식 부족
3. 이전에 사용되지 않은 새로운 기술	· 작업 수행에 필요한 지식 또는 기술 부족
4. 부정확한 커뮤니케이션 습관	· 근로자 간 정확한 의사소통이 어려운 수단이나 습관
5. 실력/경험 부족	· 해당 작업을 자주 수행하지 않아 작업에 대한 지식이나 기술의 수준이 낮음
6. 불분명한 문제 해결 능력	· 익숙하지 않은 상황에 대한 체계적이지 못한 대응 · 이전에 성공한 해결책을 사용하지 않음 · 변화하는 환경(시설 조건)에 대처하지 못함
7. 불안전한 태도	· 존재하는 위험에 대한 주의를 기울이지 않고 작업(생산)을 달성하는 것이 중요하다는 개인적인 믿음 · 특정 작업을 수행하는 동안 무적이라는 인식, 자부심, 과장된 감정, 운명론적 마음가짐
8. 질병 또는 피로	· 질병 또는 피로로 인한 신체적 또는 정신적 능력 저하 · 허용 가능한 정신 능력을 유지하기 위한 휴식 부족

(3) 과제의 요구사항(Task demands)

구분	내용
1. 시간의 압박(서두름)	· 행동이나 과업을 긴박하게 수행해야 함 · 지름길을 가야 하고 조급함을 부추김 · 부가적인 작업을 수락해야 함 · 여유 시간이 없음

2. 높은 수준의 작업	·높은 수준의 집중력 유지 ·개인의 정신적 요구(해석, 결정, 과도한 양의 정보 검토)
3. 동시 다중 동작	·정신적 또는 신체적으로 둘 이상의 작업 수행 ·주의력 분산 및 정신적 과부하
4. 반복적인 행동/단조로움	·반복적인 행동으로 인한 부적절한 수준의 정신 활동 ·지루함 ·허용 가능한 수준의 주의력 유지가 어려운 정보
5. 돌이킬 수 없는 행동	·일단 행동을 하면 상당한 지연 없이는 복구할 수 없는 조치 ·조치를 취소할 수 있는 명확한 방법이나 수단이 없음
6. 설명 요건	·현장 진단이 필요한 상황 ·잠재적으로 잘못된 규칙 또는 절차의 오해 또는 적용
7. 불분명한 목표, 역할 또는 책임	·불확실한 작업 목표 또는 기대치 ·업무 수행의 불확실성
8. 기준이 없거나 불분명	·모호한 행동 지침 ·적절한 기준이 없음

(4) 인간본성(Human nature)

구분	내용
1. 스트레스	·업무가 적절하게 (표준에 따라) 수행되지 않을 경우 자신의 건강, 안전, 자존감 또는 생계에 위협이 된다는 인식에 대한 마음의 반응 ·반응에는 불안, 주의력 저하, 작업 기억력 감소, 잘못된 의사 결정, 정확함에서 빠른 것으로의 전환 등이 포함될 수 있음 ·개인의 업무 경험에 따른 스트레스 반응 정도
2. 습관 패턴	·잘 실행된 작업의 반복적인 특성으로 자동화된 행동 패턴 ·과거 상황이나 최근 업무 경험과의 유사성으로 인해 형성된 성향
3. 가정	·일반적으로 최근 경험에 대한 인식을 바탕으로 사실 확인 없이 이루어진 추측으로 부정확한 정신 모델로 인해 생성됨 ·사실이라고 믿어짐
4. 자기만족/과신	·세상의 모든 것이 잘되고 모든 것이 예상대로 이루어지고 있다는 가정으로 이어지는 "Pollyanna(어떤 상황에서도 항상 긍정적인 면을 찾으려는 상황)" 효과 ·위험이 있는 상황을 인식하지 못하고 자기 과신(직장에서 7~9년 정도를 근무하면 보통 생김) ·과거 경험을 바탕으로 작업의 어려움이나 복잡성을 과소평가
5. 마음가짐(의도)	·보고 싶은 것만 바라보는 경향(의도), 선입관

	· 예상하지 못한 정보를 놓칠 수도 있고 실제로 존재하지 않는 정보를 볼 수도 있음 · 자신의 오류를 발견하는 데 어려움을 겪음
6. 부정확한 위험 인식	· 위험과 불확실성에 대한 개인적인 평가 또는 불완전한 정보나 가정 · 잠재적인 결과나 위험을 인식하지 못하거나 부정확하게 이해함 · 개인의 오류 가능성에 대한 인식과 결과에 대한 이해를 바탕으로 위험을 감수하는 행동의 정도(남성에게 더 많이 발생)
7. 정신적 지름길 또는 편향	· 익숙하지 않은 상황에서 패턴을 찾거나 보는 경향, 익숙하지 않은 상황을 설명하기 위해 경험 법칙 또는 마음의 습관(휴리스틱) 적용, 확증 편향, 빈도 편향, 유사성 편향 및 가용성 편향
8. 제한된 단기 기억	· 망각을 일으킴 · 동시에 2~3개 이상의 정보 채널에 정확하게 주의를 기울일 수 없음

 ## III 통제관리

1. 통제(control)

통제(control)에는 일반적으로 방벽(barrier)과 방어(defense)의 방식이 있다. 방벽과 방어는 위험에서 무언가를 보호하기 위해 특별히 고안된 기술적 또는 조직적 기능을 의미한다. 통제는 어떤 위험을 봉쇄하는 방식을 취하며 시설과 사람을 위험에서 보호하는 인적, 기술적 또는 조직적 기능으로 구성된다. 물리적 연동, 장비 중복배치, 전원 및 신호 표시기, 개인 보호 장비, 절차 사용, 주의 태그 부착 그리고 자가진단 등이 통제의 좋은 예이다. 1986년 4월 우크라이나 체르노빌 발전소 4호기 원자로 사고는 통제가 부적절하게 이루어진 사례이다.

1986년 4월 26일 우크라이나 체르노빌 원자력 발전소 4호기에서 터빈(turbine) 정전 시 잔류 운동량만으로 얼마 동안 전력 공급이 가능한지 여부를 결정하기 위한 안전 실증 테스트를 시행하였다. 이 과정에서 밝혀진 통제 실패와 관련한 내용을 살펴본다.

(1) 안전 작동 매개변수 위반(Violated safe operating parameters)
초기 작동 오류로 인해 전력 수준이 전체 전력의 7% 이하로 떨어졌음에도 불구하고 운전자는 전압 발생기 테스트를 지속하였다. 이와 관련한 기준에 따르면 전체 전력의 20% 미만에서는 이러한 테스트를 금지하고 있었다. 그 이유는 낮은 전력 수준에서는 원자로 노심에 양의 공극

휴먼 퍼포먼스 개선과 안전 마음챙김

계수를 생성하여 폭주 반응을 일으킬 수 있는 위험이 있기 때문이다. 운영자는 전체 전력 수준이 20% 미만인 경우, 테스트를 중단하고 원자로를 정상 출력으로 복귀해야 했지만 그러지 않았다.

(2) 공학적 안전 시스템 비활성화(Disabled engineered safety systems)

이후 운영자는 테스트를 완료하기 위해 비상 냉각 시스템과 정지 시스템을 비활성화했다. 운영자가 이러한 안전 시스템을 물리적으로 비활성화할 수 있다는 것은 실제로 시스템 설계의 결함이었다.

(3) 규제를 벗어난 후퇴된 제어봉(Retracted control rods beyond regulations)

전력이 너무 낮게 떨어지자 운영자는 제어봉을 규정에서 허용하는 것보다 훨씬 더 높은 수준으로 후퇴시켜 강제로 전력을 높였다. 여기서도 설계 결함으로 인해 그러한 조작이 허용되었다. 테스트를 진행하는 동안 터빈 내부에서 증기 흐름이 감소했고, 열이 노심에서 정상적으로 제거되지 않았다. 노심의 온도가 급격하게 증가하면서 끓는점과 반응성이 증가되면서 운영자는 수동으로 반응로를 정지시키려고 시도하였다. 이로 인해 여러 번의 증기 폭발이 일어났다. 그 결과 원자로 용기 헤드가 날아갔고 두 번째 화학 폭발로 인해 건물 지붕이 날아갔다.

(4) 설계 결함(Design flaw)

RBMK 원자로[9]설계에는 다른 모든 원자로 설계에 있는 철근 콘크리트 격납 구조가 포함되지 않았다. 이로 인해 10일 동안 원자로 하우징에서 연료와 화재가 완전히 용해되어 방사성 핵종을 대기 중으로 방출했다. 체르노빌 사고는 수십 명의 목숨을 앗아갔고 공장이 완전히 파괴되었으며 수만 명의 사람들을 강제로 이주시킨 대형 참사였다. 환경에 대한 악영향은 오늘날에도 계속되고 있다.

2. 사건의 심각도(Severity of Events)

방벽과 방어를 포함하는 통제에 문제가 있다면 사고는 필연적으로 발생한다. 여기에서 인적오류는 일반적으로 사고를 일으키는 요인이지만 사건의 심각도를 결정하는 것은 통제의 수와 약점이다. 통제 결함이 많은 조직은 시스템적으로 약점이 존재하고 이로 인해 다양한 사고가 발생한다.

---

9) 흑연감속 비등경수 압력관형 원자로(黑鉛減速沸騰輕水壓力管型原子爐)는 소비에트 연방이 개발한 원자로 형식으로 체르노빌 사고를 일으킨 원자로 유형이며 플루토늄 생산용 원자로를 기반으로 한 원자로를 만드는 소련의 프로젝트 중 최고의 작품이었다. RBMK는 냉각재로 경수를 감속재로 흑연을 사용하며, 연료로는 천연우라늄을 사용할 수 있으며(일반적으로 2.4%의 농축우라늄을 사용한다), 압력관 개수만 늘리면 원자로를 크게 만들 수 있고, 또한 운전 중 연료교체가 가능하기 때문에 운전성이 높다는 장점이 있다. 그 대신, 다른 원자로 유형에 비해 냉각수에 문제가 생기면 폭발 가능성이 더욱 높다는 단점이 있다.

3. 조직의 통제 역할(The Organization's Role in Controls)

인적오류를 일으키는 불안전한 감독, 불안전한 조건 및 불안전한 행동은 조직의 프로세스, 물리적 구조, 경영층의 리더십 및 문화와 같은 맥락과 긴밀하게 관계되어 있다. 따라서 통제관리에 있어 조직의 역할은 매우 중요하다.

4. 방어기능(Defense Functions)

빙어는 아래 표와 같이 인식 만들기(Create Awareness), 감지 및 경고(Detect and Warn), 보호(Protect), 복구(Recover), 격납(Contain) 및 비상대응(Emergency response) 요소를 포함한다.

구분	내용
인식 만들기 (Create Awareness)	위험(hazard)을 인식한다. 예를 들면 위험성평가 시행, 자체 점검 시행, 회의, 커뮤니케이션, 위험 태그 및 방사선 게시 등을 통해 위험인식을 만든다.
감지 및 경고 (Detect and Warn)	비정상 상태 또는 임박한 위험이 있을 경우 경고한다. 경보 및 표시 장치, 동시 확인, 동료 확인, 감독, 밀폐 공간 관리 및 문제 해결 방법론 등을 활용한다.
보호 (Protect)	사고로부터 사람, 장비 및 환경을 보호한다. 개인 보호 장비 사용, 감독 시행, 장비 잠금, 인터록 실시, 차폐 및 환기 등을 한다.
복구 (Recover)	시스템을 비정상 상태에서 안전한 상태로 복원한다. 비상 절차 확인, 눈 세척 시설 설치, 미리 설정된 대응 절차 확인, 운영 계획의 연속성 등을 유지한다.
격납 (Contain)	위험한 에너지의 누출을 제한한다. 이중 저장 탱크 사용, 원격 조작 시행 등
비상탈출 (Enable Escape)	위험에서 대비할 수 있는 수단을 제공한다. 비상 계획 수립 및 비상 조명 사용 등

5. 통제 신뢰도(Reliability of Controls)

통제 신뢰도가 낮은 교육, 절차, 보호구 사용보다는 통제 신뢰도가 높은 통제, 방벽

휴먼 퍼포먼스 개선과 안전 마음챙김

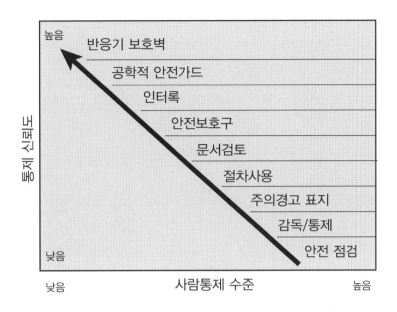

또는 보호 장치 등을 우선 적용한다. 아래 그림은 통제 신뢰도가 높은 예시와 낮은 예시를 보여 준다.

6. 심층방어 체계(Defense-in-Depth)

심층방어 체계의 개념은 어떠한 사고를 예방하기 위해 다양한 통제를 사용하는 것이다. 다양한 통제에는 조직, 문화 및 물리적 시설 적용 등이 있다. 심층방어가 적용된 시설이나 조직에서는 하나의 통제가 실패하거나 비효율적인 경우 체계적으로 배치된 다른 중복된 통제가 동일한 방어 기능을 수행한다. 통제에는 주요 자산을 인적오류로부터 보호하기 위해 활동이나 프로세스를 안전하고 예측 가능하게 진행하는 다양한 장치, 방법 또는 관행이 포함된다.

6.1 공학적 통제(Engineered Controls)

공학적 통제는 물리적 환경에서 모든 하드웨어, 소프트웨어 및 장비 항목을 통제하는 것이다. 공학적 통제는 능동적(Active controls) 또는 수동적(Passive controls)으로 작동한다. 능동적 제어에는 펌프 또는 밸브와 같은 장비 등이 포함되고 수동적 제어는 일반적으로 움직이는 부품이 없는 파이프, 탱크 및 용기 등이 포함된다.

(1) 효과적인 공학적 통제 요소(Elements of Effective Engineered Controls)

공학적 통제를 효과적으로 시행하기 위해서는 인간－기계 환경에서 접근성 확인, 설비와 불필요한 인간의 상호 작용 제거, 오류 허용 설계 반영 및 근로자의 불안전한 행동을 방지할 조치가 적용되어야 한다. 그리고 감독자는 인간－기계 인터페이스 결함과 관련된 오류를 찾아 환경 조건, 접근성, 조명 및 사람의 상주 가능성과 관련된 문제를 해결해야 한다.

(2) 공학적 통제의 일반적인 결함(Common Flaws with Engineered Controls)

효과적인 공학적 통제를 적용함에도 불구하고 이 기능이 무효화될 수 있다. 이러한 요인으로는 공학적 통제의 임시 수리 또는 장기 임시 수정/변경, 비활성화된 표시기, 과도한 소음, 누락된 라벨 또는 쉽게 보거나 읽을 수 없는 방향의 라벨, 부적절한 조명, 고온 또는 고습도(열 스트레스 요인), 비정상적인 장비 상태, 열악한 접근성 및 비좁은 조건 또는 어색한 장비 배치 등이 있다.

6.2 행정적 통제(Administrative Controls)

행정적 통제는 사람들에게 무엇을 해야 하는지, 언제 해야 하는지, 어디서 해야 하는지, 얼마나 잘 해야 하는지 등 작업과 관련한 지침을 알려주며 일반적으로 다양한 서면 정책, 프로그램 및 계획으로 문서화된다. 행정적 통제는 전적으로 사람의 인지, 판단 및 행동에 의존한다. 따라서 행정적 통제는 공학적 통제만큼 신뢰하기 어렵다.

(1) 행정적 통제에 영향을 미치는 요인

행정적 통제에 영향을 미치는 요인에는 사업의 목표, 예산, 계획, 자원 확보 등과 같은 전략적 사업 계획이 포함된다. 여기에는 공식적인 조직 구조, 권한, 역할 및 책임 라인, 생산 작업 활동 수행을 위한 정책, 프로그램 및 프로세스(예방적 유지보수, 절차 개발, 수정, 구성 제어, 운영 등)가 포함된다. 그리고 조직이 운영하는 다양한 대화, 이메일, 로그, 회의, 보고서, 뉴스레터, 표지판, 게시물, 전화 등이 포함된다. 또한 기술적 및 행정적 절차(허가/태그 부착, 이물질 배제, 문제 해결, 부품 및 재료, 자체 평가, 시정 조치 등) 및 교육훈련 프로그램이 포함된다.

(2) 행정적 통제의 일반적인 결함

행정적 통제의 일반적인 결함에는 하나의 절차 단계에 포함된 두 개 이상의 작업, 모호한 기대치와 기준, 피상적인 문서 검토 또는 기술 절차 개발, 절차 및 작업 패키지에서 확인되지 않은 중요한 단계가 있다. 그리고 사람의 능력을 초과하는 과도한 작업, 운영 경험을 포함하지 않는 새로운 작업 계획, 지나치게 지연된 예방 정비 및 과도한 초과근무가 있다. 또한 업무량 및 피로로 이어지는 불충분한 인력, 초과 근무(만성 피로로 이어짐), 현장 작업 감독 미실시 및 불분명한 자격 기준 등이 있다.

6.3 문화적 통제(Cultural Controls)

효과적인 안전 문화가 존재하는 조직에서는 생산과 안전이 충돌할 때, 안전이 우선한다는 믿음이 존재한다. 이러한 믿음이 문화적 통제이다.

(1) 가치(Values)

사람들이 중요하게 생각하는 것 그리고 높은 우선 순위로 간주하는 것을 가치로서 느끼고 형성하는 것은 중요하다. 가치는 조직이 일하는 방식이고 조직의 행동 방식, 헌장, 비전과 사명 선언문 등으로 공유되는 유형으로 조직 문화에 대한 통찰력을 얻을 수 있도록 하는 능력이 있다. 가치는 조직의 핵심 도덕으로도 간주할 수 있고 조직이 업무를 수행하는 방식에 대한 일종의 청사진 역할을 한다.

(2) 믿음(Beliefs)

사람들은 무언가를 진실이라고 믿는 경우, 믿는 방향으로 태도와 행동을 이끄는 경향이 있다. 믿음은 무엇이 성공할지에 대한 가정을 포함하여 어떤 것의 진실, 존재 또는 타당성을 받아들이고 확신하는 것이다. 따라서 사람들이 안전한 믿음을 갖도록 지원하는 방안이 필요하다. 한편, 사람이 갖는 부정적인 믿음에는 그들이 언제 어디서나 통제력을 유지할 수 있다고 믿는 경향이다. 이로 인해 일반적으로 사람들이 지름길을 택하거나 안전 기준을 위반하는 상황이 발생한다.

이러한 잘못된 믿음을 예방하기 위한 조직의 대응은 사람은 오류를 범할 수 있다는 가정, 사람들은 일을 잘하고 싶어한다는 동기, 사람이 인적오류를 범하는 것은 정상적인 기능이라는 것, 중대한 사건이 발생했다는 것은 조직의 실패임을 인정하는 것이다. 그리고 인적오류는 조직의 효율성을 배우고 개선할 수 있는 기회를 제공한다는 것을 인식하는 것이다.

(3) 태도(Attitudes)

태도는 대상이나 주제에 대한 마음의 상태 또는 느낌이다. 태도는 안전과 불안전 그리고 인적오류 유발과 긴밀한 관계가 있다. 근로자는 그의 감독자와 동료로부터 안전하고 긍정적이며 일관된 피드백을 경험하고 그 감정이 왜 중요한지 이해할 때 안전한 행동을 유지한다. 이와는 반대로 근로자는 그의 감독자와 동료로부터 고통, 두려움, 불안, 좌절, 굴욕, 당혹감, 지루함 또는 불편함과 같은 불안전하고 부정적인 피드백을 경험하면 안전한 행동을 유지하기 어렵다.

안전한 행동을 촉진하는 태도는 사람은 언제든지 오류를 범할 수 있다는 것을 인정하는 것이다. 그리고 오류 발생 가능성이 있는 상황, 안전하지 않거나 위험한 작업 조건 또는 기타 비정상적인 조건을 감지하기 위해 주변 작업 조건에 대해 경계하는 상황 인식을 유지하는 것이다. 특히 작업과 관련하여 의심스러운 상황이 발생할 경우 생산보다는 안전한 방향으로 조치를 취한다. 또한 안전하지 않은 태도인 영웅적, 자존심, 숙명론 및 오류에 대한 무적성과 같은 해로운 태도와 관행을 피한다.

(4) 문화적 통제의 일반적인 결함(Common Flaws with Cultural Controls)

문화적 통제의 일반적인 결함에는 자신의 문제 해결 능력에 대해 지나친 자신감과 다른 사람의 결정에 조언하기를 꺼려하는 것이 있다. 그리고 자신의 능력에만 의존하고, 인적오류 예방 대책을 부적절하게 적용하는 상황이 있다. 또한 위험한 관행에 대한 교정 또는 코칭 부족 및 관리자의 언행 불일치(자신이 한 약속을 지키지 않음, 주의 및 보상 등) 등이 있다. 여기에서 더욱 문제가 되는 요인은 상사가 눈치를 보기 위하여 좋은 내용만 공유하는 것 그리고 정직한 오류에 대한 징계 조치 및 생산성 척도에만 근거하여 보너스를 제공하는 것 등이 있다.

6.4 작업그룹 규범(Work Group Norms)

사람들은 그들의 또래 집단이 하는 행동을 따르는 경향이 있다. 규범은 사람들이 무엇을 하고, 입고, 말하고, 믿어야 하는지 알려주는 일종의 준수 요령이다. 규범은 허용되는 것과 허용되지 않는 것, 무시하는 것, 사물을 보는 방법 그리고 그들이 보고 들은 것을 해석하는 방법 등에 대한 결정 기준이다. 규범은 주로 말로써 전달되고, 규범을 어겼을 때 동료가 어떻게 반응하는지에 따라 강제되거나 무시된다. 심층방어 체계를 구축할 경우 전술한 규범이 안전한 방향으로 전개될 수 있도록 조치한다.

6.5 리더십 활동(Leadership Practices)

경영진은 리더십 관행을 통해 구성원에게 의사소통 촉진, 팀워크 촉진, 코칭 및 기대치를 강화한다. 그리고 잠재적인 조직적 약점 제거 및 오류 방지 활동 촉진을 통해 안전문화의 중요성을 형성할 수 있다. 심층방어 체계의 핵심요인은 바로 경영층의 솔선수범과 적극적인 리더십 활동이다.

6.6 통제 관리(Oversight Controls)

경영층의 직접적인 참여와 개선 노력을 통해 통제 기능의 취약성을 개선할 수 있다. 이러한 노력은 주로 사업장의 실행 오류로 인해 발생한 사고 원인을 분석하여 개선방안을 마련하는 것이다.

6.7 휴먼 퍼포먼스 개선 절차(Performance Improvement Processes)

휴먼 퍼포먼스를 개선하기 위한 체계적인 절차를 수립한다. 체계적인 절차를 수립하기 위해서는 휴먼 퍼포먼스 개선에 대한 경영층의 감독 강화, 휴먼 퍼포먼스 개선 위원회 정기적 개최, 위험요인 확인과 분석과정 시행, 근본 원인 분석 수준 고도화, 다양하고 지속적인 작업 행동관찰 시행, 휴먼 퍼포먼스 개선을 위한 관리자 참여 증진, 휴먼 퍼포먼스 개선과 관련한 성과 지표 고도화 및 변화관리 시행 등이 필요하다.

6.8 휴먼 퍼포먼스 개선 계획(Human Performance Improvement Plans)

휴먼 퍼포먼스 개선 계획을 마련하여 확인된 문제를 수정하기 위한 체계적인 접근 방식을 경영진에게 제공한다.

7. 성과모델(Performance model)

7.1 휴먼 퍼포먼스(Human Performance)

시스템은 어떠한 좋은 성과를 내기 위해 기능하는 요소들의 네트워크라고 정의할 수 있다. 시설과 관련한 시스템에는 전기 시스템, 물 순환 시스템, 작업 프로세스 시스템, 전화 시스템, 화재 진압 시스템, 난방, 환기 및 공조(HVAC) 시스템 등 수많은 시스템이 존재한다. 또한 시설 환경과 관련한 시스템에는 사회 시스템, 조직 시스템 및 인센티브 시스템 등 다양한 무형의 시스템이 존재한다.

여기에서 휴먼 퍼포먼스도 전술한 시스템들과 유사하게 간주될 수 있다. 해당 조직이 관장하는 작업이 얼마나 잘 조직적으로 잘 관리되고 있는지, 절차가 얼마나 잘 설계되어 있는지, 장비가 얼마나 잘 설계되어 있는지 또는 팀워크가 얼마나 잘 이루어지고 있는지에 따라 휴먼 퍼포먼스 관리 시스템이 좋을 수도 있고 나쁠 수도 있다.

7.2 조직적인 효과(Organizational Effectiveness)

조직은 일반적으로 높은 성과를 창출하기 위하여 관리 팀을 조직하고 적절한 사람을 적절한 기능에 배치한다. 조직은 공식적인 정책, 사업 계획, 우선 순위, 지침, 프로그램, 프로세스, 계획 및 일정, 실행 계획, 기대 및 표준을 사용하여 목표를 달성하기 위한 통제를 한다. 여기에서 휴먼 퍼포먼스는 조직적인 요인, 즉 조직이 구성되는 형태, 경영층의 리더십, 방벽과 방어를 효과적으로 배치할 수 있는 자원, 효과적인 교육과 훈련 및 근로자의 참여에 지대한 영향을 주어 목표달성을 위한 적절한 통제를 한다.

7.3 조직적 영향(Organizational Factors)

조직은 경영층이 생산과 작업을 지시하고 조정하기 위해 만든 사람들의 그룹으로 휴먼 퍼포먼스에 영향을 준다. 여기에는 커뮤니케이션 방법 및 관행, 경영 스타일 및 인력 참여 정도, 도구 및 자원, 절차 개발 및 검토, 작업 환경의 청결 수준, 시설 및 구조물 배치도, 구성원의 역량 수준, 인력의 경험 수준, 설계 및 수정, 작업 프로세스, 경영 가시성, 인적 자원 정책 및 관행, 훈련 프로그램, 우선순위(생산 및 안전), 기대 및 기준, 건강과 안전 강조 및 작업 계획 및 스케줄링 등 다양한 요인이 포함된다.

7.4 작업현장 조건(Job-Site Conditions)

작업현장은 근로자가 작업하는 장소로 환경적 또는 개인적 요인이 존재하는 장소이다. 환경적 요인에는 사람을 둘러 싼 인간−기계 인터페이스, 열 및 습도와 같은 외부의 조건 등이 있다. 개인적 요인에는 사람의 지식, 기술 및 경험 등이 포함된다. 여기에서 중요한 사실은 인적오류를 범하는 사람을 바꾸는 것은 어렵지만, 인적오류를 유발하는 요인인 환경적 요인은 쉽게 바꿀 수 있다는 것을 명심해야 한다.

8. 통제관리−휴먼 퍼포먼스 개선 모델(Managing control−Performance Improvement Model)

인적오류가 발생하기 쉬운 작업과 작업 환경은 일반적으로 잠재조직의 약점으로 인해 만들어진다. 특히 잠재 오류는 발견하기 어려우며 한번 만들어지면 사라지지 않고 오히려 시스템에 축적된다. 잠재된 오류의 특성은 시스템 내에 숨겨져 있는 특성으로 이것을 찾아내는 일은 경영층의 역할이자 책임이다. 휴먼 퍼포먼스 개선 모델은 조직에 잠재되어 있는 약점과 오류를 찾고 개선하는 데 도움이 된다.

휴먼 퍼포먼스 개선 모델은 현재 성과를 평가하고 현재 수준과 원하는 수준의 성과 또는 결과 사이의 격차를 식별할 수 있도록 지원한다. 이러한 활동에는 성과 모니터링, 성과차이 분석, 개선방안 및 이행현황 분석 등이 있다.

9. 잠재조직의 특성 찾기(Methods for finding latent organizational conditions)

잠재조직의 특성을 찾는 방법에는 자체 평가, 행동 관찰, 문제보고, 벤치마킹, 성과지표와 추세, 독립적인 감독, 경영층 검토, 개선활동 프로그램 및 변경관리 등이 있다.

9.1 자체 평가(Self-Assessments)

조직은 작업 활동에 대한 현재 성과와 예상 성과를 비교하여 성과의 격차를 평가할 수 있다. 실제 성과와 예상 성과의 차이를 성과 차이(performance gap)라고 한다. 성과 차이를 분석하면, 시정 조치를 위한 필요한 조건과 상황에 대한 정보를 얻을 수 있다. 그리고 성과 차이를 줄이기 위한 개선목표를 수립할 수 있다. 이러한 과정을 거치면서 실제 프로세스와 예상 프로세스와의 차이를 파악하여 잠재조직의 약점을 확인할 수 있다.

9.2 행동관찰(Behavior Observations)

산업재해를 줄이기 위한 오래된 방식은 설비의 신뢰성을 높여 기계적 결함이나 기술적인 문제를 줄이면서 안전보건경영시스템을 효과적으로 운영하는 것이었다. 하지만 지속적으로 발생하는 산업재해는 행동관찰을 기반으로 하는 안전관리 방식인 행동기반안전관리(Behavior based safety, 이하 BBS)의 필요성을 부각시켰다. BBS는 사람의 행동을 관찰하고 좋은 피드백을 주어 근로자의 안전행동을 강화하기 위한 방식으로 시행되었고, 안전문화 수준을 향상시켜주는 안전활동으로 알려져 있다.

1940년대 B. F. Skinner는 조건을 통제한 상태로 동물에게 강화(reinforcement)를 주어 행동에 미치는 영향을 실험한 사람이다. 그는 실험 결과를 토대로 사람에게도 이 연구 결과를 적용함으로써 사람의 행동은 측정이 가능하다는 결론을 얻었다. 즉 결과(consequence)를 조건으로 행동(behavior)이 변한다는 사실을 파악한 것이다. 초기 행동교정은 산업계에 효과적인 프로그램으로 받아들여졌다. 하지만 시간이 흐르면서 실질적인 대중성은 얻지 못하였는데, 그 이유는 당시의 시대적 상황에 따라 행동 교정이라는 실질적인 한계가 있었기 때문이다. 행동 교정이 잘못 적용되면 근로자의 행동을 개선하기보다는 조작적인 활동으로 인식될 수 있기 때문이었다. 1975년 F. Luthan과 R. Kreitner에 의해 행동 교정은 산업안전 분야에 적용되었다.

그리고 조지아 공대의 Judith Komaki에 의해 처음으로 산업안전 분야에 행동 분석 연구가 적용되었다. 이후 1984년 Monsanto에 의해 근로자가 참여하는 BBS가 적용되면서 성공을 거두기 시작하였다. 화학회사인 Shell도 비슷한 시기에 행동 교정 프로그램을 적용하였던 선도적인 회사이다. 이후 1980년 Alcoa, Rohm and Haas, ARCO 화학, Chevron 등 여러 회사가 유사한 프로그램을 적용하여 좋은 안전 성과를 얻었다.

행동 교정을 하기 위한 원칙은 ABC 절차를 활용하는 것이다. A는 전례, 선행자극 혹은 촉진제(antecedent 혹은 activator), B는 사람의 행동(behavior)으로 안전한 행동과 불안전한 행동이 있으며, C는 결과(consequence)로 향후의 안전 행동 혹은 불안한 행동을 이끈다.

(1) 행동교정 ABC 절차

ABC 절차의 한 예로 현관의 초인종이 울리면(선행자극, Antecedent) 사람은 누가 왔는지 보기 위해(결과, Consequence) 확인할 것이다(행동, Behavior). 여기에서 선행자극은 초인종이고 사람의 행동을 이끄는 요인이다.

만약 누군가의 장난으로 초인종이 울린다는 상황을 가정해 보자. 사람은 처음 몇 번 초인종 소리에 반응하여 문을 열 것이다. 하지만, 이러한 상황이 자주 반복된다면, 아마도 누군가 장난으로 그런 것으로 생각하고 초인종 소리를 무시할 것이다. 이런 상황을 통해 우리가 알 수 있는 사실은 초인종이 울리는 선행자극에도 불구하고 누군가 장난으로 인해 초인종을 울린다는 결과를 알기 때문에 문을 여는 행동을 하지 않는다. 아래 그림은 전술한 상황을 묘사한 그림이다.

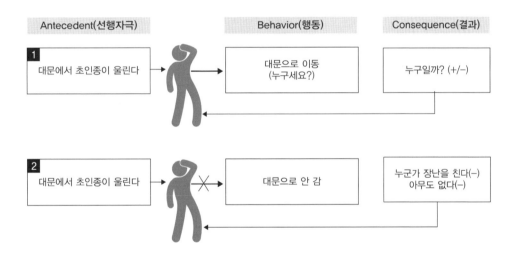

이 사례를 통해 사람은 행동 결정 시 선행자극보다는 결과를 중요하게 생각한다는 것을 알 수 있다. 결과는 시간 요인(즉시 또는 나중), 확실성(확실 또는 불확실) 및 행동의 결과(긍정 또는 부정) 세 가지로 구분할 수 있다. 사람의 행동은 어떤 것에 대해 즉시 효과를 원하고, 확실함을 원하며 긍정적인 결과를 원한다.

이러한 이론을 안전보건에 적용하기 위해 소음이 심한 사업장에서 근로자가 작업을 한다는 상황을 가정해 보자. 여기에서 선행자극은 근로자에게 귀덮개/귀마개 지급, 착용 포스터 부착, 안전 절차 수립과 교육을 하는 것이다.

근로자는 이러한 선행자극에 따라 귀덮개/귀마개를 착용할 것이다. 하지만, 근로자는 귀덮개/귀마개 착용으로 얻는 이득인 청력 손상 예방 등의 결과는 장시간에 걸쳐 입증되고, 귀덮개/귀마개를 착용하지 않아 얻는 편안함은 즉시 얻을 수 있으므로 귀덮개/귀마개를 착용하지 않는 상황이 발생한다. 아래의 표와 같은 ABC 절차의 예시를 확인할 수 있다.

선행자극(Antecedent)	행동(Behavior)	결과(Consequence)
• 회사가 귀덮개/귀마개를 지급 • 특정 지역에서 귀덮개/귀마개 착용을 회사의 기준으로 수립 • 귀덮개/귀마개 미착용 시 청력 손상이 있음을 교육 • 귀덮개/귀마개 착용 지시 포스터 부착 • 시끄러운 작업 장소 등	• 시끄러운 장소에서 귀덮개/귀마개 착용	• 미래에 청력 손상이 발생할 수 있다고 걱정한다. • 귀덮개/귀마개 미착용으로 인한 관리자에게 꾸지람을 듣고 싶지 않다.
• 위 칸의 선행자극에도 불구하고 • 동료들은 귀덮개/귀마개를 착용하지 않음 • 귀덮개/귀마개 착용에 대한 강제 기준이 없음 등	• 시끄러운 장소에서 귀덮개/귀마개 미착용	• 막연한 미래에 청력 손상이 있을 수 있다. • 귀덮개/귀마개 착용이 불편하다. • 귀덮개/귀마개를 착용하지 않아도 누구도 뭐라고 하는 사람이 없다.

선행자극은 안전 절차, 기준, 규정의 형태로 근로자가 해야 하는 안전 활동을 구체화한 내용으로 존재하며, 때로는 이러한 기준을 알려주는 안내서, 포스터 또는 그림 형태로 존재한다. 다만, 근로자는 자신이 처한 환경과 조건에 따라 선행자극 준수 여부를 결정한다. 선행자극은 근로자를 안전한 방향으로 이끄는 좋은 수단과 방법이 되므로 초기 설정이 중요하다. 초기 설정 이후에는 지속적인 모니터링을 통해 결과(consequence)를 긍정적으로 변화시키는 방안을 수립해야 한다. 결과는 아래 표와 같이 안전 행동을 증가시키는 긍정적 강화와 부정적 강화가 있다. 그리고 안전 행동을 감소시키는 처벌이 있다.

안전 행동을 증가시키는 결과	
긍정적인 강화	부정적인 강화
원하는 무언가를 얻음	원하지 않는 것을 피하도록 함

안전 행동을 감소시키는 결과	
처벌	처벌
원하지 않는 무언가를 얻음	원하거나 가진 무언가를 잃음

위 표에서 가장 추천할 만한 방법은 안전 행동을 증가시키는 결과에서 긍정적인 강화이다. 물론 부정적인 강화 또한 안전 행동을 증가시키는 요인이지만, 근로자가 싫어하는 무언가를 피하게 해주는 강화이므로 되도록 적용하지 않는 것이 좋다. 긍정적인 강화는 근로자가 무언가를 안전하게 해보겠다고 하는 자율의식을 갖게 하므로 근로자의 향후의 안전 행동에 영향을 준다.

(2) 가이드라인

효과적인 BBS를 운영하기 위해서는 안전 평가, 경영층 검토, 목표와 일정 수립, 안전 관찰 절차 수립, 피드백과 개선 활동, 인센티브와 안전보상, 교육 시행, 모니터링, 경영층 검토 단계로 적용한다.

가. 안전 평가

회사나 사업장의 안전문화 수준과 새로운 문화를 받아들이는 유연성 여부에 따라 BBS의 성패가 달려 있다. 그 이유는 아무리 좋은 프로그램일지라도 해당 사업장의 상황이나 수준에 맞지 않는다면, 성공하기 어렵기 때문이다. 이러한 문제를 줄이기 위해서는 근로자와 인터뷰, 토론 등을 통해 이 프로그램 적용의 필요성을 검토하고 의견을 충분히 수렴해야 한다.

그리고 해당 사업장의 유해 위험요인, 위험한 행동 이력, 과거 안전성과 요약, 근로자의 안전 지식, 안전에 영향을 주는 관리 요소, 안전 감사, 안전 미팅, 보상 등을 검토한다. 안전 평가의 목적은 조직에 적용되고 있는 안전 활동, 교육요구도 및 경영층의 지원 현황을 파악하기 위함이다. 이러한 과정을 통해 관찰방식, 소요 비용, 실행일정 등을 결정할 수 있다. 평가 시 아래에 열거된 절차를 참조한다.

● 인터뷰

인터뷰를 시행하는 이유는 사업장의 시스템, 기준, 실행사례 등을 확인하기 위한 것이다. 이때 근로자의 의견을 솔직하게 받아들이기 위해 지역, 직급, 경험 등의 특징을 고려한다. 관리감독자 중 약 10% 정도를 인터뷰 대상으로 포함한다. 회사에 노조가 존재한다면, 일정 수 이상의 간부 인원을 포함한다. 아래의 내용은 일반적으로 추천할 수 있는 인터뷰 예시이다.

- 사업장을 안전하게 했던 원동력은 무엇인가?
- 현재보다 높은 안전수준을 유지하려면 어떤 개선을 하여야 하는가?
- 개선에 있어 걸림돌은 무엇인가?
- 사업장의 안전 성과가 어느 정도인가?
- 사고가 발생한다면 어떻게 대처하는가?
- 사업장에서 발생하는 사고에 대한 보고 비율은?
- 관리감독자나 도급업체는 안전 개선을 위하여 무엇을 해야 하는가?
- 불안전한 행동을 감소시킬 수 있는 사람은 누구인가?
- 위험작업을 거부할 수 있는 제도나 기준이 있는가?
- 불안전한 행동을 하였는가?
- 안전 개선을 위한 동인(driver)은 무엇인가?
- 누가 주로 당신에게 안전을 언급하는가? 주로 어떤 내용인가?
- 안전을 확보하기 위해 어느 정도의 시간을 투자하는가?

● 설문서 접수

인터뷰는 근로자의 느낌과 인지도를 파악할 수 있는 좋은 방법이다. 하지만 근로자가 너무 많거나 야간 근무자에 대한 인터뷰가 어려울 때, 설문서를 활용하는 것을 추천한다. 설문을 하는 사람이 압박감이나 스트레스 없이 편안함을 느끼도록 하는 설문 내용을 선정하여 개발한다. 아래 표는 일반적으로 추천할 수 있는 설문서의 예시이다.

- 응답자의 안전 참여 노력도
- 사업장에 존재하는 긍정적인 안전 강화 방법으로는 무엇이 있는가?
- 안전과 관련한 안전기준 지속성 여부
- 생산과 안전이 상충하는 상황
- 안전에 대한 경영층의 참여 정도
- 사고와 불안전한 행동의 상관관계
- 안전교육의 효과성
- 설비나 도구의 안전설계 반영 여부
※ 기타 설문 문항은 연구논문이나 인터넷에서 검색이 가능한 여러 종류를 참조하여 사업장 특성에 맞게 변형하여 사용할 것을 추천한다.

• 사업장의 사고통계 확인

사업장에서 주로 발생하는 사고의 유형을 확인하고 어떤 유형의 행동이 우선 개선되어야 할지 검토한다. 이러한 검토 결과는 핵심행동 체크리스트에 포함한다.

나. 경영층 검토

안전문화 수준을 검토하여 우선순위, 시급성, 유연성 등을 고려한 프로그램의 소요 비용, 일정, 지원사항을 보고하고 승인을 얻는다. 효과적인 BBS를 운영하기 위해서는 경영층의 지원이 핵심 조건임을 인지하고 추진해야 한다. BBS 소위원회를 구성할 경우, 전사 차원의 의사결정과 호응을 끌어낼 수 있으므로 적극적으로 추천한다.

다. 목표와 일정 수립

BBS는 여러 조직과 관련이 있는 사안이므로 각 사업부의 해당 부서와 긴밀하게 협조하여 전사 차원의 목표를 설정한다. 설정된 이정표를 기반으로 해당 항목별 목표점과 일정을 주기적으로 공유하고 변경하여 효과적인 추진을 한다.

라. 안전 관찰 절차 수립

관찰이란 사람의 행동을 유심히 보고 관련 사실을 확인하는 일련의 과정이다. 관찰을 통해 발견한 불안전한 행동은 잘못이 아닌 누구나 할 수 있는 현실로 생각하고 배움의 기회로 삼아야 한다. 관찰은 근로자의 안전한 행동과 불안전한 행동을 발견하여 개선하는 과정이다.

관찰은 자발적으로 참여하는 관찰방식과 강제적으로 관찰하는 방식으로 구분할 수 있다. 자발적으로 참여하는 방식은 일정한 관찰 목표를 정하지 않고 근로자가 자발적으로 시행하는 방식이다. 이 방식은 근로자의 자율성을 부여하는 긍정적인 면이 있지만, 실제 여러 연구결과에 따르면 관찰 참여율이 낮다. 한편 강제적으로 관찰하는 방식은 강압적인 느낌은 있지만, 정해진 횟수의 관찰과 피드백을 시행하여 근로자의 행동 개선 효과가 높다.

행동을 관찰하기 위해서는 사업장 특성이 반영된 핵심행동 체크리스트(critical behavior checklist)가 준비되어야 한다. 이 체크리스트는 사업장의 아차사고, 근로손실 사고와 불안전한 행동 보고서, 위험성평가 결과, 작업안전분석(job safety analysis) 자료를 검토하여 개발하되 한 페이지를 넘지 않는 것을 추천한다. 관찰 대상이 되는 근로자의 성명을 체크리스트에 기재하지 말아야 한다. 그 이유는 관찰자가 근로자를 고발한다는 부정적인 인식을 줄 수 있기 때문이다. 그리고 목표 행동을 측정하기 위해 체크리스트에 있는 핵심 행동에 대한 관찰 결과를 안전 또는 위험으로 기재하여 안전 행동률을 산출해야 한다(예시: 총관찰된 안전 행동/총관찰된 안전 행동+위험 행동에 대한 백분율).

사업장 특성에 따라 "홀로 일하는 근로자(lone worker)"는 관찰이 어려울 수 있다. 설비나 기계를 매일 홀로 점검하는 근로자, 어떤 물건을 차량에 탑재하여 주기적으로 가정에 배달하는 업무를 수행하는 근로자, 작업 장소에서 멀리 떨어져 있는 근로자의 행동을 관찰하는 일은 다소 어려울 수 있다. 이러한 근로자는 때때로 작업을 조기에 완료해야 하는 압박이나 스트레스 그리고 누군가 자기 행동을 보지 않는다는 인식 등으로 인하여 불안전한 행동을 할 가능성이 있다. 또한 자신의 불안전한 행동을 인식하기 어렵고 누군가 교정을 해 주지 못하는 상황에 처한다. 이러한 근로자들의 경우 스스로 자신의 행동을 관찰(self-observation)하고 피드백하는 방법으로 안전한 행동을 유도할 수 있다.

홀로 일하는 근로자(lone worker)가 사용할 만한 핵심행동 체크리스트를 개발하고 근로자 스스로 행동관찰과 피드백 결과를 기록하도록 하는 방식은 효과적인 방법으로 알려져 있다. 체크리스트를 핸드폰 모바일 프로그램으로 연동하여 기록관리를 한다면 더욱 효과적일 수 있다.

마. 피드백과 개선 활동

BBS의 성패는 효과적인 관찰 이외에도 피드백 시행에 있다. 관찰자는 근로자의 불안전한 행동, 불안전한 작업 조건, 부적절한 도구와 장비 사용 그리고 부적절한 안전보호구 사용 등을 개선하도록 조언할 수 있다. 그리고 그 조언사항을 체크리스트에 기재하고 관리부서에 통보한다. 아래는 여러 종류의 피드백을 열거한 내용으로 사업장의 특성에 따라 적용할 수 있다.

- 관찰자와 피 관찰자 간 피드백
- 현장에서 직접 피드백 혹은 사무실에서 피드백
- 팀 미팅 시 피드백
- 위원회를 통해 공유하는 피드백
- 포스터, 차트 및 게시판을 활용한 피드백
- 관찰 결과에 대해서 경영층에게 하는 피드백
- 그룹 간 피드백

피드백은 구체적(specific) 그리고 포괄적(global)인 것으로 구분할 수 있다. 구체적 피드백은 체크리스트에 언급된 핵심 행동 하나하나를 피 관찰자에게 알려주는 방식이다. 예를 들면, 추락방지 안전벨트 미착용, 추락의 위험이 있는 지역에서 작업, 안전모 미착용, 안전화 미착용 등이다. 포괄적 피드백은 일정한 기간에 누적된 자료를 통계 자료로 분석하여 여러 사람에게 공유하는 방식이다. 연구에 따르면 포괄적 피드백보다는 구체적 피드백이 행동 개선에 더 효과적인 것으로 알려져 있다. 또한, 피드백은 부가적이고 강화적인 방법으로도 구분할 수 있다. 부가적인 피드백은 근로자의 안전한 행동에 대해서 잘했다고 긍정적으로 조언하는 것이다. 상황에 따라서 개별적으로 할 수도 있고, 여러 근로자가 있는 곳에서 할 수도 있다. 강화적인 피드백은 근로자의 미흡한 행동에 대해서 향후 개선하였으면 좋겠다는 기대를 포함한다.

개선 활동(intervention)은 결과(consequence)를 긍정적인 방향으로 이끌어 근로자가 안전한 행동을 할 수 있도록 지원해 주는 역할을 한다.

이러한 상황을 산업현장에 적용해 본다면, 관찰자는 매일 근로자들을 대상으로 안전 행동 지침을 준수하고 있는지 개별적인 관찰을 하고 피드백을 시행한다. 그리고 작업이 종료되고 근로자들과 어떤 행동이 안전했고 어떤 행동이 불안전했는지 상호 토론하는 과정을 갖는다. Geller(2001)는 코치의 역할 수행을 잘하기 위해 'COACH' 절차를 추천하였다. 여기에서 COACH는 'care, observe, analyze, communicate, help'의 영어 약자이다.

Care는 근로자를 "적극적으로 돌본다."라는 의미를 담고 있다. 근로자는 관찰자(코치)의 말과 몸짓을 통해 자신이 관심을 받고 있음을 깨달을 때 안전과 관련한 조언을 더 잘 듣고 수용할 수 있다. 적극적인 Care를 위해서 근로자가 안전에 참여할 수 있는 기회를 주고, 그들이 안전 계획을 스스로 관리하도록 권한을 부여한다. 그리고 회사나 사업장에서 안전과 관련한 열린 토론의 장을 만든다. 처음에는 다소 서툴고 어려울 수 있으나, 쉽게 효과를 낼 수 있는 것부터 시작하고 칭찬을 통해 근로자가 안전에 관한 자신감을 갖도록 유도해야 한다.

Observe는 근로자의 작업 행동을 객관적이고 체계적으로 관찰하여 안전한 행동을 지원하고 위험한 행동을 교정하는 것이다. 관찰자는 근로자의 작업 행동을 염탐하는 간첩이 아니다. 따라서 항상 관찰 전에 근로자에게 허락을 구해야 한다.

Analyze는 ABC 절차에 따라 어떻게 하면 근로자가 안전 행동을 할 수 있는지 여러 방향으로 개선방안을 검토하는 과정이다. 특히 긍정적인 결과가 향후의 행동에 미치는 영향이 크므로 이러한 논리를 기반으로 개선방안을 고려한다.

Communicate는 좋은 코치가 가져야 할 기본적인 소양이다. 관찰자는 적극적인 경청자이자 설득력 있는 연설자가 되어야 한다. 좋은 의사소통에는 미소, 개방, 친절, 열정과 눈맞춤이 있는 부드러움이 있어야 한다. 그리고 각종 보상 등을 활용하여 안전한 행동을 지속해서 유지할 수 있는 조치를 시행해야 한다.

Help는 안전은 확실히 심각한 문제이지만 때로는 약간의 유머를 통해 활기를 더할 수 있는 도움이 필요하다. 근로자의 자존감을 높이기 위한 적절한 용어를 활용한다. 훌륭한 코치는 다른 사람의 자존감을 높이기 위해 부정적인 것보다 긍정을 강조하면서 단어를 신중하게 선택한다. 근로자와 유대감을 형성하는 강력한 도구는 듣는 것이다. 사소한 일이라도 칭찬한다면 근로자는 칭찬받은 일을 잊지 않고 지속할 것이다.

바. 인센티브와 안전보상

피드백을 강화(reinforcement)하기 위한 수단으로 인센티브와 안전보상을 적절하게 적용한다면 효과 높은 행동 개선을 이룰 수 있다. 강화의 방식은 상품 지급, 휴가 보상, 상품권 지급 등과 같이 긍정적이어야 한다. 하지만 이러한 강화방식 적용 시 근로자는 강화의 이점에 현혹되어 실제 이행하지 않은 내용을 거짓으로 보고할 수 있다는 상황을 검토해야 한다.

이러한 문제를 개선하기 위해 추천할 만한 방법은 근로자 개인에게 지급하는 시상 보다는 팀 단위나 그룹 단위로 시상하는 방법이 있으며, 시상 비용을 모아 외부에 기부하는 방식도 좋은 방안이다. 그리고 시상을 받을 사람을 선정하여 회사의 소개 자료나 방송에 출연할 수 있도록 해 주는 것도 좋은 방법이다. 행동 개선을 위해 적용되는 강화의 방안으로는 인센티브와 안전 보상이 좋은 효과가 있다고 알려져 있다. 아래의 표는 인센티브와 보상 설계 방법으로 사업장의 특성을 고려하여 적용한다.

구분	인정 보상	고정적인 보상	단계적 보상	보상체계와 통합된 인센티브
인정/보상	사회적 인정, 회의에서 감사 메시지 전달	근로자에게 지급하는 고정적인 보상 메뉴 선택	단계별 적합한 보상체계	인센티브 지급
기준	미리 설정하지 않음	관련 기준 수립	각 단계에 적합한 기준	사고율, 근로 손실율 수준
대상	개인/팀	개인/팀	개인/팀	개인/팀

휴먼 퍼포먼스 개선과 안전 마음챙김

구분				
검토사항	모든 직급과 기능에 따라 동등한 인정	간략한 보상 항목을 다양화/신비화. 많은 사람이 받을 수 있게 구성.	다양하고 좋은 보상 제공. 우수자를 선정하여 최고의 보상을 지급	분기, 반기 혹은 연간 안전행동 증가율, 사고 발생율 등

※ McSween(2003)의 제안사항을 기반으로 저자가 일부 내용 수정

아래의 표는 인정 보상 적용 시 참조할 만한 사례로 사업장의 특성을 고려하여 적용한다.

구분	내용
사회적	• 경영층, 관리자, 감독자의 감사 편지 • 우수자 이름을 게시 • 사내 방송이나 매체를 통한 안내 • 가족에게 감사 메시지 송부
일과 관련	• 우수자에게 공장순회의 기회 부여 • 경영층이 참석하는 위원회에 참여 기회 제공 • 우수자가 원하는 교육 제공 • 희망하는 직무로 변경할 수 있는 기회 제공 • 공장장과 함께 식사할 수 있는 쿠폰 제공

사. 교육 시행

BBS시행 전 전술한 안전 평가, 경영층 검토, 목표와 일정 수립, 안전 관찰 절차 수립, 피드백, 인센티브와 안전 보상 등의 검토과정을 기반으로 해당 조직과 근로자에게 안내하는 과정을 갖는다. 이러한 과정은 회사가 운영하는 여러 안전교육 방법으로 시행할 수 있다.

BBS는 국가, 기관 그리고 회사별 특성에 따라 다른 호칭을 하고 있다. 영국 BP사의 경우 ASA(advanced site audit)라고 호칭하고 있다. ASA는 관찰자 양성 교육을 5일간 시행한다. 그리고 근로자를 대상으로 하루나 반나절 이상 교육을 시행한다. 듀폰이라는 회사의 STOP(safety training observation program)은 관리자 대상으로 1일 교육을 시행한다. S 기업은 ASSA(advanced site safety audit)라고 호칭하고 있고, 전 근로자를 대상으로 초기 4시간 교육을 시행하고 이후 재교육(refresher training) 차원으로 추가적인 교육을 시행한다.

아. 모니터링

모니터링은 자체적으로 시행할 수도 있고 외부의 전문가를 동원하여 시행할 수도 있다. 무엇보다 이 단계에서는 최초로 계획하고 목표했던 내용이 적절하게 추진되는지 확인하는 과정이므로 관찰 목표 대비 시행 결과 확인, 체크리스트 활용 방법, 불안전한 행동 피드백 개선 여부, 안전 인증과 인센티브 지급의 객관성과 효과성 등을 검토한다.

자. 경영층 검토

안전 평가, 경영층 검토, 목표와 일정 수립, 안전 관찰 절차 수립, 피드백과 개선 활동, 인센티브와 안전 보상, 교육 시행, 모니터링 단계의 검토와 추진 현황을 종합적으로 확인하고 요청사항을 보고한다.

9.3 문제 보고(Problem Reporting)

잠재되어 있는 문제를 찾아 제거하기 위해서는 조직과 근로자 간 원활한 의사소통과 피드백이 필요하다. 근로자는 잠재조직의 약점을 확인하고 개선하는 데 있어 가장 중요한 역할을 한다. 따라서 관리자는 작업자가 자신의 약점을 자발적으로 보고할 수 있는 분위기를 조성해야 한다.

9.4 벤치마킹(Benchmarking)

벤치마킹은 조직 개선 계획에서 고려해야 하는 강력한 관리 도구이다. 일반적인 벤치마킹의 장점은 조직의 지속적인 개선에 도움이 되며, 조직의 약점을 보완할 수 있다. 그리고 다양한 이해 관계자에게 신뢰를 줄 수 있다. 다만, 벤치마킹을 통한 개선에 있어 새로운 프로세스를 채택할 경우, 기존 프로세스에서 식별된 약점을 제거하는 것과 관련된 특정 목표를 염두에 두고 수행해야 한다.

9.5 성과지표와 추세(Performance Indicators and Trending)

성과를 분석한 지표를 활용하여 조직의 약점을 식별할 수 있다. 이 지표는 관리자로 하여금 지속적인 개선을 추진하기 위한 시급한 문제를 집중하도록 하는 장점이 있다.

일반적인 성과지표를 활용할 수 있는 요인에는 일정 기간 동안 제출된 모든 문제 보고서의 오류 수, 산업재해율, 문서 개정 요청, 사건, 보안 및 인간 성과와 관련된 여러 다른 지표의 가중 계산, 절차 준수율, 관찰율(관찰횟수 및 코칭 피드백율), 재작업율(주어진 기간 동안 다시 작업된 건수 등), 서비스 중단 오류율 및 반복 사건 수 등이 있다.

9.6 독립적인 감독(Independent Oversight)

사람은 위험과 위협을 두려워하는 것을 잊어버리고 잠재된 약점이나 잘못된 통제에 안주할 수 있다. 사람들이 이러한 행동을 하는 것을 어떻게 하면 쉽게 확인하고 개선할 수 있을까? 조직 내 유사 부서와 동료는 이러한 관행이나 분위기에 많이 노출되어 있어 전술한 상황에 여러 결점이 존재하는 것을 인지하지 못한다. 또한 동료나 부서 압박으로 인하여 자유로운 발언을 하기 어려운 사정도 있을 수 있다. 따라서 이러한 문제를 해결하기 위해서는 별도의 독립적인 감독(감사)이 필요하다.

9.7 경영층 검토(Management Oversight)

경영층은 인적오류로 인한 다양한 피해를 인식하고 이에 대한 대응방안을 수립해야 한다. 이러한 대응방안은 별도의 위원회를 통해 다양한 부서의 의견을 모으고 적절한 대책을 수립하는 것이 바람직하다. 경영층은 이 위원회가 기준에 맞게 수행되는지, 성과 차이가 확인되는지 그리고 시정 조치가 효과적으로 완료되는지 등을 확인해야 한다.

9.8 조사 및 설문(Surveys and Questionnaires)

정기적인 설문 조사를 통해 구성원의 태도 변화를 모니터링한다. 설문 조사를 통해 조직 전체의 태도, 가치 및 신념을 비교하고 시간 경과에 따른 변화를 감지할 수 있다. 설문지 및 설문 조사 질문은 신중하게 작성해야 하며, 특정 조직의 현실이 감안되어야 한다.

9.9 개선활동 프로그램(Corrective Action Program)

개선활동 프로그램은 성과와 관련한 문제를 식별, 문서화 및 평가하여 개선하기 위한 포괄적인 도구이다. 이 도구는 i) 운영 사건, 내부 또는 외부 평가, 일상 작업의 관찰 및 근로자의 위험한 행동에 대한 확인 사항 보고, ii) 문제를 평가하고 적절한 시정 조치 계획 수립, iii) 시정 조치 적용 그리고 시정 조치가 완료된 상황 보고, iv) 시정 조치에 대한 독립적인 후속 평가 시행 등 네 가지 단계를 거친다.

9.10 변경관리(Change Management)

변경관리는 관리자가 변경 방향을 설정하여 사람과 자원을 조정하고 조직 전체에 변경이 필요한 요인을 관리하는 체계적인 프로세스이다. 일반적인 변경관리 대상은 근로자 구성, 정전 일정, 정책, 절차 및 장비의 변경 등이 포함된다. 변경관리 시 주의해야 할 사항으로는 문제 정의 방법, 현재 상태 결정, 원하는 최종 조건 결정, 변화를 수용하는 데 필요한 새로운 가치, 태도 및 신념 고려, 변경이 성공하도록 보장할 책임이 있는 사람 확인, 변화의 영향을 받는 모든 사람들에게 설명 및 변경 일정 수립 등이 있다. 효과적인 변경 관리 체계를 사전에 구비하여 변경이 필요할 경우 적용하는 것이 필요하다. 변경 관리를 효과적으로 한다면 가능한 인적 오류를 상당수 줄일 수 있다.

10. 행동공학 모델(Behavior engineering model, BEM)

행동공학 모델(Behavior Engineering Model, 이하 BEM)은 Tomas Gilbert[10]의 저서 Human Competence, Engineering Worthy performance(1978)에서 언급되었던 내용이다. BEM은 작업 현장에서 휴먼 퍼포먼스에 영향을 미치는 잠재적 요인을 식별하고 그러한 요인에 대한 조직적 기여 요인을 분석하기 위한 조직화된 구조이다. 행동에 영향을 미치는 조건은 환경적 요인과 개인적 요인으로 분류할 수 있다. 환경적 요인에는 외부 조건이 포함되고 개인적 요인에는 개인의 통제하에 있는 내부 조건이 포함된다. 그러나 스트레스, 본능 반사, 정신적 편향과 같은 인간 본성의 일부 측면은 통제하기 어려운 조건이다. 아래 그림은 효과적인 휴먼 퍼포먼스 개선을 위한 BEM을 보여준다.

---

10) Thomas F. Gilbert(1927-1995)는 종종 HPT(Human Performance Technology)라고도 알려진 수행 기술 분야의 창시자로 알려진 심리학자이다. Gilbert 자신이 성과공학(Performance Engineering)이라는 용어를 만들고 사용했다.

휴먼 퍼포먼스 개선과 안전 마음챙김

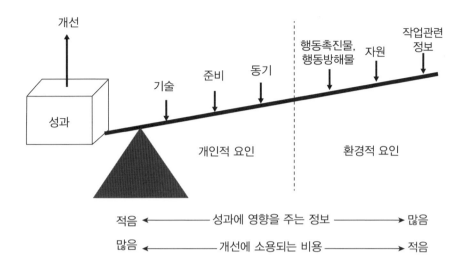

개선

개선

행동촉진물,
행동방해물   자원   작업관련
정보

기술   준비   동기

성과

개인적 요인   환경적 요인

적음 ◄────── 성과에 영향을 주는 정보 ──────► 많음

많음 ◄────── 개선에 소용되는 비용 ──────► 적음

(1) 환경적 요인

환경적 요인을 행동 방향(Direction to Act), 행동할 기회(Opportunity to Act) 및 행동 의지(Willingness to Act) 등 세 가지로 구분하고, 이와 관련한 오류전조 요인을 설명한 내용은 아래의 표와 같다.

행동 방향	행동할 기회	행동 의지
• 동시 여러 작업 • 반복적인 행동 • 불명확한 목표, 역할 및 책임 • 부족하거나 불분명한 기준 • 혼란스러운 절차 또는 모호한 지침 • 불분명한 전략적 비전 • 무의미한 규칙 • 과도한 통신 요구 사항 • 지연 또는 유휴 시간 • 장기 모니터링	• 시간 압박 • 산만함/방해 • 일상의 변화/일탈 • 혼란스러운 디스플레이 또는 컨트롤 • 동일하고 인접한 디스플레이 또는 컨트롤 • 예상치 못한 장비 상태 • 대체 적응증 복잡성 부족 • 사용할 수 없는 도구, 부품 • 높은 데이터 흐름 • 최근 시프트 변경 • 불리한 환경적 조건/거주지 • 고정관념 • 최근 교대 변경 • 열악한 장비 레이아웃/액세스 • 성가신 알람 • 진동에 대한 장비 감도	• 높은 업무량 • 오류의 결과에 대한 두려움 • 생산을 지나치게 강조 • 성격 갈등 • 과도한 업무 시간 • 반복적인 행동/단조로움 • 동료/작업 그룹 간의 불신 • 위험 관행 • 과도한 업무 시간 • 과도한 집단 응집력/또래 압력

(2) 개인적 요인

개인적 요인을 행동 방향(Direction to Act), 행동할 기회(Opportunity to Act) 및 행동 의지(Willingness to Act) 등 세 가지로 구분하고, 이와 관련한 오류전조 요인을 설명한 내용은 다음의 표와 같다.

행동 방향	행동할 기회	행동 의지
• 작업에 익숙하지 않음 • 처음으로 작업 • 이전에 사용되지 않은 새로운 기술 • 능력 부족 • 경험의 부족 • 부정확한 커뮤니케이션 습관 • 불분명한 문제 해결 능력 • 중요한 매개변수를 인식하지 못함 • 우물 안 개구리 시야	• 스트레스 • 습관 패턴 • 가정 • 자기만족 또는 과신 • 마음가짐 • 정신적 지름길(편견) • 제한된 단기 기억(주의 집중 기간) • 제한된 관점(제한된 합리성) • 질병 또는 피로 • 불안 • 부족한 팀워크 기술 • 인생의 주요 이벤트 • 낮은 자존감 • 신체적 반사 또는 부정확한 신체적 행동 • 물리적 크기가 작업에 비해 너무 크거나 작음 • 인간의 가변성 • 공간 방향 감각 상실	• 개인적 이득을 위해 규칙을 회피하려는 의지 • 중요한 단계에 대한 "안전하지 않은" 태도 • 의심스러운 윤리 • 지루함 • 실패에 대한 두려움/결과 • 과도한 전문적 예의 • 과도한 집단 응집력 • 사회적 존중 • 통제감 없음/학습된 무력감 • 정신적 긴장의 회피

11. 공정문화 구축(Create just culture)

11.1 비난의 고리(The Blame Cycle)

영국의 사회심리학자 James Reason은 'Managing the risks of organizational accidents'라는 책자에서 안전문화는 공유된 문화, 보고문화, 공정문화, 유연한 문화 및 학습문화로 구성된다고 하였다.[11] 여기에서 공정문화(just culture)는 위험과 불안전한 행동에 대한 수용 가능한 범위와 수용 불가능한 범위를 설정하고, 근로자가 따르고 신

---

11) Reason, J., & Reason, J. T. (1997). Managing the risks of organizational accidents Ashgate Aldershot.

뢰하는 분위기를 조성하는 것이다. 근로자의 불안전한 행동의 배후 요인이나 기여요인을 확인하지 않고 무조건 처벌(징계)하는 사례는 용납될 수 없다는 인식이 필요하다. 하지만 이런 기준이 불안전한 행동으로 인해 사고를 일으킨 결과에 대해서 처벌을 면책하지 않는다는 기준은 유지해야 한다. 공정문화 설계를 위한 전제조건은 수용할 수 있는 행동과 수용할 수 없는 행동의 범위를 설정하는 것이다.

조직이 구축한 책임시스템의 실행방안인 처벌과 징계가 공정하지 않으면, 조직과 근로자 간 신뢰가 낮아지고 안전문화는 열화될 것이다. 그리고 의사소통 부족, 경영층이 현장 조건에 대한 관심저하, 잠재조건(latent condition) 조성, 결함방어(flawed defense) 그리고 실수전조(error precursors)의 악순환을 거듭하게 될 것이다.[12]

11.2 유책성 결정 나무와 치환 테스트(The Culpability Decision Tree & The Substitution Test)

미국 에너지부(DOE, Department of Energy)는 영국의 사회심리학자 James Reason의 불안전한 행동에 의한 유책성 결정 나무(A decision tree for determining the culpability of unsafe acts)를 제안하였다.

치환테스트(substitution test)는 Neil Johnston이 제안한 가장 우수한 사람일지라도 최악의 실수를 범할 수 있다는 논리를 포함하고 있다.[13] 즉, 위반자 또는 사고 유발자의 유책성을 판단하기 위해서는 그들과 유사한 직종에서 동일한 자격과 경험이 있는 여러 사람에게 유사한 조건과 상황을 만들어 작업을 수행하도록 테스트를 하고 그 결과에 따라 처벌을 하는 것이다. 테스트 결과 근로자가 불안전한 행동이나 위반을 할 수밖에 없는 조건이라고 판명된다면, 위반자나 사고유발자는 처벌하면 안된다. 즉 치환테스트를 통과했다면 처벌하면 안 된다.[14]

---

12) Standard, D. O. E. (2009). Human performance improvement handbook volume 1: concepts and principles. *US Department of Energy AREA HFAC Washington, DC, 20585*.

13) Johnston, N. (1995). Do blame and punishment have a role in organisational risk management. *Flight Deck, 15*, 33－36.

14) Meadows, S., Baker, K., & Butler, J. (2005). The incident decision tree: guidelines for action following patient safety incidents. *Advances in patient safety: from research to implementation, 4, 387－399*.

조직은 사고예방을 위하여 안전보건경영시스템의 책임 요소(element)를 운영함에 있어, 정직하고 효과적인 처벌(징계) 체계를 구축해야 한다. 치환테스트를 통과한 근로자를 처벌 위주로 다룬다면, 비난의 순환고리를 탈피할 수 없고, 사고예방의 효과도 그만큼 좋지 않게 될 것이다. 여기에서 더욱 중요한 사실은 징계와 같은 부적강화보다는 보상 등의 정적강화를 적절하게 적용하는 것이 더욱 효과적인 방안일 것이다.

IV 휴먼 퍼포먼스의 진화(Human performance evolution)

1. 소개(Introduction)

그동안 발생했던 Bhopal, Chernobyl, Challenger, Exxon Valdez, Three−Mile Island와 같은 다양한 사고를 경험하면서 사고를 일으키는 중요한 요인에는 인적오류가 있었다는 것을 배웠다. 그리고 이러한 사고를 예방하기 위해 그동안 다양한 인적오류 개선 방안이 적용되어 왔는데 가장 효과적인 방안은 휴먼 퍼포먼스를 개선하는 방안이다.

2. 조직에 대한 관점(A Perspective on Organizations)

사회, 정치, 경제, 종교, 건강, 학술, 운동 및 과학 단체 등 사람이 생활하는 사회에는 다양한 조직이 존재한다. 조직 내 각계 각층의 사람들은 그들이 현재 속해 있거나 과거에 속해 있던 조직을 기반으로 다양한 사람들과 관계를 유지하면서 살아간다. 사람은 조직 내에서 다양한 부서와 사람들과의 연관성에 의해 많은 영향을 받는다.

20세기 초 대규모 조직이 사회를 지배하기 시작하면서 조직들 간 서로 협력하고 충돌하면서 불가피하게 생기는 마찰을 줄이기 위해 추가적인 조직들이 생겨났다. 이러한 결과로 정부 관료 조직은 산업 조직과 노동 조직을 규제하고 이윤 중심의 자본주의 관료를 통제하기 위해 발전해왔다. 진보 시대(1900−1920)에 노동 운동가들은 근로자의 안전 그리고 최저 임금과 같은 큰 사회적 문제를 부각시켰다. 이로 인해 기업들은 설비나 시설을 통제하기보다는 근로자의 안전 책임을 강조하는 등의 행정적 통제에 집중해 왔다.

근로자의 인적오류를 사고의 원인으로 지목하는 현상은 당시 많은 이민자에 대한 사회적 반응에 근거한 것일 수 있다. 진보주의자들은 생산 현장에서 발생하는 수많은 부상과 사망에 대하여 산업 조직을 비난했지만, 산업 조직은 그 책임을 노동자에게 되돌렸다. 결정을 내리고 안전 기준을 설정하는 조직을 관리하는 사람들은 근로자가 일하는 사업장과는 멀리 떨어진 곳에 위치한다. 사업장과 멀리 떨어져 결정을 내리는 조직의 불합리성으로 인해 사업장의 근로자는 다양한 형태의 위험과 환경에 내몰려 인적오류를 일으키게 된 것이다.

3. 조직에 영향을 주는 요인(Factors that impact organizations)

3.1 생산(Production)

조직은 주로 품질과 안전이라는 두 가지 요인으로 인해 성공하거나 실패한다. 품질과 관련한 사항으로는 생산된 제품이 시장에서 경쟁할 수 있는 능력이 있거나 능력이 없는 경우이다. 그리고 안전과 관련한 사항으로는 생산과정에서 발생하는 사고가 일어나거나 일어나지 않는 경우이다.

미국 기업은 2차 세계대전에서 소총, 기관총 및 의류 등은 물론이고 엄청난 양의 탱크, 포병, 비행기, 수상함 및 잠수함을 생산할 수 있는 뛰어난 능력을 보여주었다. 제2차 세계대전 당시 공장은 24시간 가동되었고, 수백만 명의 여성이 방위 산업에서 일자리를 얻었다. 자동차 제조업체는 자동차 생산을 중단하고 지프, 트럭 및 탱크와 심지어 비행기까지 제작하기 시작했다. 배를 한 번도 만들어 본 적 없는 도로 및 댐 건설업자인 Henry J. Kaiser는 전쟁 기간 1,400척이 넘는 배를 건조하는 등 전쟁은 미국을 대공황에서 구해냈다. 유럽과 일본에서 승리를 거둔 수백만 명의 미군들이 고향으로 돌아가면서 결혼이 급증하였고 베이비 붐이 일어났다. 주택, 가전제품 및 편의용품에 대한 막대한 수요는 물품 생산에 박차를 가했다. 전쟁 중에 존재하지 않았던 자동차 산업은 거대한 산업의 축이 되었다. 자동차에 대한 소비자의 열광과 수요는 전후 산업을 더욱 부추겼다. 당시 미국의 전성기 동안 경영층의 일반적인 관점은 관리자는 생각을 하고, 근로자는 그들의 손과 발이 된다는 사실이었다.

3.2 품질관리(Quality Management)

전후 세계에서 일본, 독일 및 기타 국가는 미국의 재정 지원을 받아 기계와 설비를 생산하기 위한 재정비를 했다. 세계 인구는 증가했고 상품과 서비스에 대한 수요는 폭발적으로 증가했다. 한 세대 만에 미국은 자동차, 기계, 라디오, 텔레비전, 수백 가지 가정용품을 더 싸고, 더 빠르고, 더 나은 품질로 생산할 수 있었다. 일본은 미국의 산업공학자와 통계학자인 Joseph Juran과 William Edwards Deming으로부터 품질 관리 방법을 배우고 적용했다.

(1) 불량방지(Defect Prevention)

Juran과 Deming이 전쟁 전에 공식화한 품질 관리 기술은 제조 조직을 대상으로 했다. 그들의 작업 핵심은 결함 부품 수를 줄이고 생산성을 향상하며 비용을 낮추기 위해 생산 공정 제어를 개선하는 것이었다. 검사에서 예방으로 강조점을 바꾼 것은 상당히 혁명적이었다. 샘플링 방법을 사용하여 프로세스를 모니터링하고 제어할 수 있게 되었다. 처음부터 품질은 조직의 모든 사람이 책임져야 한다는 철학을 포함하여 프로세스 제어를 위한 기술과 방법론이 개발되었다. 제조업에 먼저 적용된 프로세스 개선 아이디어는 행정 기능과 서비스 산업으로 확대되어 품질 개념은 전체 산업에 영향을 미쳤다. 이로 인해 기업은 비용을 절감하는 동시에 제품의 품질을 향상시킬 수 있었다.

(2) 품질은 모두의 사업이다(Quality is Everyone's Business)

1970년대 후반과 1980년대에 미국 민간 부문의 품질 개선 운동은 경쟁을 위해 폐기물을 줄이고 비용을 절감하며 제품 품질을 개선하려는 방향으로 전개되었다. 조직은 품질이 제품에 내장되어야 한다는 생각에 사로잡혀 있었다. 이 기간 동안 경영층의 관점은 근로자를 행동자(doers)로 보는 것으로 변화되었다. 생산 공정을 개선하기 위한 계획에 근로자가 포함되어야 한다는 것이 설득력을 얻었다. 소규모 그룹은 업무 프로세스의 약점을 식별하고, 영향을 측정하고, 문제와 약점에 대한 근본 원인을 공식화하고, 경영층에게 기존 프로세스를 강화하는 방법과 수단을 요청했다. 프로세스의 변화로 제품이 개선되고 시장에서 경쟁력이 강화되면서 근로자의 위상이 달라졌다.

(3) 고객중심(Customer Focus)

사업의 목표는 고객이 원하는 것을 찾은 다음 고객이 원하는 것을 얻을 수 있도록 프로세스를 미세 조정하는 것이다. 고객이라는 용어는 내부 고객과 외부 고객을 포함하는 데에도 사용되었다.

(4) 지속적인 프로세스 개선(Continuous Process Improvement)

대부분의 사람들은 자신의 업무가 조직의 다른 업무와 상대적으로 격리된 상태로 시행된다고 생각하는 경향이 있다. 품질 향상의 첫 번째 단계는 사람들이 자신이 수행하는 작업에 대한 생각을 재정렬하고 지속적인 프로세스의 일부라는 관점에서 자신의 작업을 보게 하는 것이다.

지속적인 개선 업무 프로세스는 위에서부터 시작되지만 아래에서도 시작된다. 개선 프로젝트에서 우선순위를 지정하는 방식은 하향식 업무 프로세스이다. 구성원이 참여하는 작업수준에서 문제 해결을 원하는 방식은 상향식 업무 프로세스이다. 품질은 모두의 사업이라는 슬로건은 모든 직원이 품질 향상에 역할을 한다는 생각을 심어준다. 이러한 품질 관리 기술과 철학의 조합을 일반적으로 총괄품질관리(Total Quality Management, 이하 TQM)라고 한다. TQM은 오늘날의 식스 시그마 프로그램으로 변화했다. 미국에서 품질 개선 프로그램을 시행함으로써 자동차 산업, 통신 및 기타 수많은 산업이 활성화되었다. 프로세스를 개선하면 낭비와 재작업 시간이 줄어든다. 그리고 비용을 줄이고 생산성을 높이면서 제품 품질을 높일 수 있다.

근로자가 참여하는 품질 개선 업무로 인해 긍정적인 결과가 나오면서 경영층이 근로자를 보는 시각이 긍정적으로 변화되었다. 경영층은 업무 수행 방식에 근로자가 참여하면, 프로세스가 효과적으로 개선된다는 사실을 인식하게 되었다. 이러한 변화는 안전 분야로 확산되었다.

3.3 인간공학(Human Factors and Ergonomics)

(1) 인간공학(ergonomics)의 역사

폴란드의 생물학자인 Jastrzębowski는 1857년 인간공학이라는 단어를 만들어 냈다. 인간공학이라는 용어의 어원인 에르곤(Ergon)은 일을 의미하며, 노모스(Nomos)는 원칙 또는 법을 의미하는 그리스어로부터 나온 것이다. Jasterzebowis는 농민사회가 밀과 감자를 재배하는 대신 공장에서 14시간 동안 철과 강철을 생산하는 과정을 통해 사람과 경제에 미치는 영향을 생각했다. 근대 인간공학의 아버지인 Étienne Grandjean는 인간공학은 작업을 작업자에게 맞추는 것이라고 하였다. 인간공학은 인간의 특별한 요구를 충족시키는 다양한 분야를 결합한 응용 과학이며 부상 및 장애를 없애거나 줄여 생산성을 높이고 삶의 질을 향상시키는 목표 지향적 과학이다.

Ramazzini는 1633년 이탈리아 Carpi에서 태어났다. 그는 파르마대학의 의대생이었지만, 노동자들이 겪고 있는 질병에 주의를 기울였다. 그는 1682년 모데나대학교(University of Modena)에서 의학 이론 분야의 의장으로 임명되면서 집중적인 학문연구를 시작했다. 그는 작업장을 방문하고 근로자의 활동을 관찰하고 근로자가 질병에 걸리는 과정을 검토했다. 연구결과 모든 근로자의 질병이 작업 환경(화학적 또는 물리적 작용 등)에 기인한 것이 아니라는 것을 알게 되었다.

19세기에 Frederick Winslow Taylor는 과학적 관리방법을 개발하여 인간의 성과를 극대화하고, 주어진 작업을 최적으로 수행하게 하는 방법을 제안했다. 예를 들어 석탄 또는 광석의 크기와 무게를 점진적으로 줄인다면, 노동자가 삽을 사용하여 작업하는 양을 3배 덜 늘릴 수 있다는 것을 발견한 것이다. Frank와 Lillian Gilbreth는 1900년대 초 Taylor의 방법을 확장하여 시간 및 모션 연구를 개발했다. 불필요한 단계와 조치를 제거하여 효율성을 향상시키는 것을 목표로 했다. 이 방법을 적용함으로써 Gilbreths는 벽돌 쌓기 동작의 수를 18에서 4.5로 줄임으로써 벽돌공의 생산성을 120에서 350벽돌/h로 늘릴 수 있었다.

제1차 세계대전 이전의 인간공학은 항공 심리학 및 비행자에 대한 연구가 주류를 이루었지만, 전쟁 중에는 전쟁을 효율적이고 성공적으로 이끌기 위해 군인들이 다루는 항공기의 조작 스위치, 디스플레이의 디자인 및 비행자의 키나 체격을 감안한 인간공학적 개선이 이루어졌다. 이로 인해 인체측정학 연구와 관련한 연구가 진행되었다.

제2차 세계대전(1940년)이 시작되면서, 새롭고 복잡한 기계와 무기의 개발이 필요했다. 1943년 당시 미 육군 중위 Alphonse Chapanis는 비행기 조종석의 혼란스러운 조작 장치와 디스플레이를 보다 인간공학적으로 개선할 때, 조종사의 인적오류를 크게 줄일 수 있음을 보여 주었다. 전쟁이 끝난 후 육군과 공군은 전쟁 중에 연구했던 결과를 요약한 책자 19권을 출판했다. 책자의 주요 골자는 사람이 수동 작업을 수행하는 데 필요한 근력 수준, 물건을 들 때 허리에 가해지는 압박 정도, 많은 노동을 할 때 심혈관에 미치는 영향 및 사람이 밀거나 당길 수 있는 최대 하중 등이었다.

전쟁 후의 연구는 군사적인 후원을 받았고, 연구의 범위는 소형 장비에서 전체 워크스테이션으로 확대되었으며, 시스템은 산업 부문뿐만 아니라 전체 국방 분야로 확장되었다. 그리고 동시에 민간 산업에서도 인간공학적인 측면을 고려하기 시작했다.

미국의 인적 요소 및 인간공학 전문가들이 참여하는 전문 조직인 Human Factors Society가 1957년 첫 번째 연례 회의를 개최했다(당시 약 90명이 참석했다). 그리고 1992

년 Human Factors and Ergonomics Society로 이름이 변경되었다. 그리고 오늘날에는 4,500명 이상의 회원(사회)을 둔, 국제적인 조직이 되었다.

(2) 인간공학(ergonomics)의 범위

인간공학의 연구분야는 1960년대 중반부터 발전하였다. 그리고 컴퓨터 하드웨어(1960), 컴퓨터 소프트웨어(1970), 원자력 발전소 및 무기 시스템(1980), 인터넷과 자동화(1990) 그리고 적용 기술(2000) 등의 분야로 확장되었다. 그리고 최근에는 신경 인간공학 및 나노 인간공학을 포함한 새로운 관심 분야가 등장했다.

인간공학 및 인적 요소에 기여하는 사람으로는 산업 엔지니어, 산업 심리학자, 산업 의학 의사, 산업 위생사 및 안전 엔지니어 등이 있다. 그리고 건축가, 직업 치료사, 물리 치료사, 산업 위생사, 디자이너, 안전 엔지니어, 일반 공학, 직업 의학 전문가 및 보험 손실 관리 전문가가 이 분야에서 활동한다.

(3) 작업관련 근골격계 질환(Work-related Musculoskeletal Disorders)

인간공학은 작업장의 위험 요소를 확인, 평가 및 관리원칙을 통해 작업관련 근골격계 질환(Work–related Musculoskeletal Disorders, 이하 WMSDS)을 방지하는 것을 목표로 한다. WMSDS는 근육, 힘줄, 인대, 말초 신경, 관절, 연골(척추 디스크 포함), 뼈 및 혈관지지와 관련된 장애이다. WMSDS는 작업 조건에 의해 악화되는 경향이 크다. 일반적으로 WMSDS는 장기적으로 인체에 반복적인 마모 및 미세 외상을 주어 생기는 질병이다. 예를 들어 치과 위생사는 작은 직경의 공구를 반복적으로 취급함에 따라 손 관련 힘줄이 손상되는 경향이 있다.

WMSDS는 누적 외상 장애(cumulative trauma disorders, CTDS), 반복성 긴장 손상(repetitive strain injuries, RSIS), 반복 운동 외상(RMT) 또는 직업 과용 증후군으로도 알려져 있다. WMSDS의 예는 상과염(테니스 팔꿈치), 건염, 엄지의 근신염(DeQuervain's disease), 방아쇠 손가락 및 레이노 증후군(진동 흰 손가락)을 포함한다.

(4) 인간공학을 통한 인적오류 개선

- 버튼, 스위치, 경고 알람, 계기 표시기 등을 색상, 모양, 크기, 위치, 라벨링 및 근접성을 사용하여 명확하고 고유하게 구분하여 제어판 보드, 계기판 등의 디자인 개선
- 장비의 유지보수 작업을 고려하여 장비 및 부품의 설계 개선. 여기에는 구성 요소에 대한 쉬운

출입, 기능적으로 관련된 구성 요소의 그룹화, 명확한 레이블 지정, 특수 도구의 최소 사용, 현장에서 섬세한 조정의 감소, 결함 격리를 용이하게 하는 장비 설계 포함
- 과도한 피로를 유발하는 장기간의 초과 근무에 노출되는 근로자의 행동에 대한 연구 제공
- 비정상적인 소음으로 인한 주의 산만, 불리한 환경 조건 및 작업자 주의력에 부정적인 영향을 미치는 기타 여러 상황 개선. 과도한 초과 근무를 줄이고 작업 환경을 더 잘 제어하기 위해 고용 및 교육 관행 수정
- 사무 장비 및 컴퓨터의 위치 지정, 가구 디자인, 의자 디자인, 산업용 전동 공구 디자인, 컨베이어 시스템 운송 차량 및 최근 수십 년 동안 사람들의 업무를 더 잘 보완하는 작업장에 등장한 수많은 기타 항목과 관련된 인간 공학 연구 제공

3.4 조직개발(Organizational Development)

조직개발은 1969년도 등장한 이론으로 행동 과학을 사용하여 조직의 효율성과 건전성을 높이기 위한 목적으로 만들어졌다. 조직이 변화하는 경제 및 사회적 구조에 적응하기 위하여 조직의 전략과 프로세스를 개선하는 것이다.

이러한 조직개발은 전략적 계획, 조직 설계, 리더십 개발, 변화 관리, 성과 관리, 코칭, 다양성 및 일과 삶의 균형에 대한 포괄적인 방법론과 접근 방식을 제공한다. Kurt Lewin[15]은 1950년대 중반 이 개념이 통용되기 전 1947년에 사망했지만, 조직 개발의 창시자로 널리 알려져 있다.

3.5 학습조직(Learning Organizations)

학습조직의 개념은 Dr. Peter Senge[16]의 획기적인 개념이다. The Fifth Discipline (1990)이라는 책에 설명된 그의 연구는 완전히 새로운 관점에서 성공적인 조직을 설명

---

15) Kurt Lewin(1890년 9월 9일 - 1947년 2월 12일)은 독일계 미국인 심리학자로서 미국 사회, 조직 및 응용 심리학의 현대 개척자 중 한 명으로 알려져 있다. 그의 전문 경력 동안 Lewin은 응용 연구, 행동 연구 및 그룹 커뮤니케이션이라는 세 가지 일반적인 주제에 자신을 적용했다. Lewin은 종종 "사회 심리학의 창시자"로 인식되며 그룹 역학 및 조직 개발을 연구한 최초의 사람 중 한 명이다. 2002년에 발표된 A Review of General Psychology 설문 조사에서는 Lewin을 20세기의 가장 많이 인용된 심리학자 18위로 선정되었다.

16) Peter Michael Senge(1947년생)는 미국의 시스템 과학자로 MIT Sloan School of Management의 선임 강사이자 New England Complex Systems Institute의 공동 교수이다. Society for Organizational Learning의 창립자이며, The Fifth Discipline: The Art and Practice of the Learning Organization이라는 책의 저자로 알려져 있다.

Bhopal India 가스 누출 사고, Challenger 호 사고 및 수많은 항공 사고는 사회의 우려를 증가시켰다. 이러한 사고의 기여요인으로 대부분 인적오류가 언급되었다.

James Reason는 수년 동안 인적오류를 연구했으며 1990년에 인적오류라는 제목의 책을 출판했다. 그의 인적오류라는 책자의 중심 주제는 상대적으로 제한된 수의 오류 유형, 즉 오류가 실제로 나타나는 방식이 개념적으로 정상적인 인지 프로세스와 연결되어 있다는 것이다. 즉, 오류가 정상적인 인지 과정에서 발생하며 성공의 기원과 동일하다는 주장을 하였다. 그는 1997년 조직 사고의 위험 관리(Managing the risks of organizational accidents)라는 책자를 출판했다. 이 책에서 그가 주로 주장한 내용은 조직사고가 어떻게 발생하는지 이해하려면 시스템을 더 깊이 들여다봐야 한다는 것을 강조하였다. 사람의 안전하지 않은 행동은 사건을 유발할 수 있다. 하지만 조직 내 잠재조건은 프로세스 등의 형태로 더 많은 사고를 유발할 수 있다.

이러한 관점에서 오류는 조직 장애의 원인이 아니라 결과로 보는 것이 합당하다. 사고는 실패한 제어 및 방벽의 결과이다. 사람은 오류를 범할 수 있으며 가장 우수한 사람도 오류를 범할 수 있다. 오류를 범하는 것은 인간의 본성이다.

조직사고의 위험을 관리하려면 관리자, 감독자 및 근로자가 잠재적인 조직 약점을 제거하기 위해 노력해야 한다. 잠재적인 조건을 제거해야 하는 세 가지 이유는 i) 잠재조건은 지역 요인과 결합하여 통제를 무효화한다. ii) 잠재조건은 작업장 내 상주 병원균과 같다. iii) 국지적 유발 요인과 불안전한 행동은 예측하기 어렵고 일부 요인은 방어하기 어렵다(예: 건망증, 부주의 등). 전술한 세 가지 요인에 따라 사람들이 일하는 환경을 바꾸고, 운영 체제를 개선하고, 사고 위험을 낮추려는 노력을 해도 인적오류는 완벽하게 예방하기 어렵다. 하지만 이러한 인적오류 예방이 어렵다고, 개선 방안을 적용하지 않는다면 더 큰 재앙을 부를 수 있다.

3.8 마음챙김과 휴먼 퍼포먼스(Mindfulness and Performance)

마음챙김(Mindfulness)에 대한 이론은 Dr. Ellen Langer(이하 Langer)[17]가 제시한 개념을 통해 알 수 있다. 그녀의 마음챙김 연구는 회상요법(Reminiscence therapy)의 기초가

---

17) Ellen Jane Langer(1947년 3월 25일)는 미국 하버드 대학의 심리학 교수이다. 1981년에 그녀는 대학에서 심리학과 종신직을 받은 최초의 여성이 되었다. Langer는 통제의 환상, 의사결정, 노화 및 마음챙김 이론을 연구했다.

되었으며, 노인들의 기억을 증진시키는 데 효과적이라는 연구로 비롯되었다. 그녀의 연구 결과는 요양소나 노인 보조시설에서 주로 사용되었고 마음과 신체 간의 일치이론의 장점을 증명하였다. 또한 간호보조사들의 노동을 운동 또는 연습이라고 용어를 변경하여 호칭함으로써 그들의 혈압이 좋아지고, 체중도 줄어드는 결과를 가져온 것을 증명하였다.

　　Langer는 무심함이 복잡한 상황에서 인적오류의 직접적인 원인으로 나타날 수 있다고 주장하였다. 무심함으로 인해 우리의 내부와 외부 시간 흐름이 가져온 차이를 알아채지 못한 채 하루하루가 똑같아 보인다. 많은 직업에 종사하는 근로자가 자신을 위해 설계된 작업을 기계적으로 수행한다. 특히 외과의와 비행기 조종사가 업무의 표준화와 일상화로 인해 잠재적인 오류를 일으켜 큰 재앙을 일으킬 수 있다고 경고하였다.

3.9 안전 탄력성(Resilience Engineering)

　　탄력성과 관련한 용어를 경제학에서는 회복탄력성, 심리학에서는 인내성, 생태학에서는 기후변화에서의 회복력 등의 의미를 부여하여 사용하고 있다. 안전보건 분야는 '안전 탄력성'이라고 정의하고 있다. 안전탄력성(resilience)이라는 용어가 생기게 된 배경에는 2000년 이후 발생한 안전사고의 발생과정과 그 배경이 되는 시스템 운영을 깊게 살펴온 연구자들의 노력이 있었다. 연구자들은 사고예방을 위하여 그동안의 경험과 배움을 종합하여 시스템 공학을 안전보건 관리에 접목하는 방안을 검토하였다. 이러한 검토는 안전보건 관리의 개념을 통합한 패러다임(paradigm) 전환 방식이었다.

　　안전 탄력성은 복잡한 시스템의 문제, 위험을 초래하는 조직적 관점 및 휴먼 퍼포먼스 개선과 관련한 연구 분야로 Eric Hollnagel과 David Woods 등이 주도하였다 (Resilience Engineering, Concepts and Precepts, 2006). 안전 탄력성이 다루는 내용에는 안전 탄력성 측정, 생산과 안전에 관한 균형을 잡기 위한 의사 결정 지원, 위험 상황 모니터링과 개선 그리고 안전 투자를 통해 관리 능력을 향상시키는 피드백 루프가 포함된다.

　　다양한 산업에서 발생했던 사고를 연구했던 학자들은 안정적으로 운영되던 사업장에서 사고가 발생하는 요인으로 유한한 자원(Finite resources), 불확실성(Uncertainty) 및 변화의 다양성(Change is omnipresent) 등을 선정하였다. 그리고 이 요인은 잠재조건 (Latent condition)과 유사하다는 사실을 발견하였다.

- 유한한 자원 - 모든 것을 충분히 검토할 시간이나 자원이 부족하다. 그리고 관련 자격을 갖춘 고급 엔지니어가 없는 요인이다.
- 불확실성 - 시스템 성능의 불확실성, 환경의 불확실성 및 설계 과정의 불확실성이다.
- 변화의 다양성 - 우리가 예상하지 못한 변화가 있다.

전술한 요인은 생산과 관련한 다양한 조건에 따라 계획된 통제가 약화되는 이른바 "실패로의 표류(a drift toward failure)"가 발생하는 과정이다. 이러한 실패는 개인적인 요인과 함께 조직적 요인에서 발생한다.

안전 탄력성은 강력하면서도 유연한 프로세스를 생성하고, 위험관리 방식을 지속적으로 모니터링 및 수정한다. 안전 탄력성 개발의 초기 단계는 조직의 안전 탄력성을 측정하는 방법, 조직이 다양한 변동성에 대처하는 방법(목표와 자원의 상충, WAI & WAD) 그리고 변화와 변동성을 감지할 수 있도록 시각화 또는 수치화하는 방법 등이 적용된다.[18] 안전 탄력성과 관련한 보다 다양한 정보를 얻고자 하는 독자는 저자가 발간한 '새로운 안전문화-이론과 실행사례(박영사, 2023)' 그리고 '새로운 안전관리론-이론과 실행사례(박영사, 2024)'를 참조하기 바란다.

3.10 조직 안전 탄력성(Organizational Resilience)

조직 안전 탄력성은 조직이 시설을 정상운영하는 동안 시스템 설계치 또는 안전 범위를 벗어나 운영이 중단되는 상황에 대한 대응 능력이다. 조직이 시설을 운영하는 동안 성공하고 있다는 것은 시설이 실패(사고 등)하기 전 개인이나 조직이 위험상황을 효과적으로 예측하고 대응하고 있다는 것이다. 하지만 실패는 조직이 시설을 성공적으로 운영하는 동안 일시적 또는 영구적으로 성공을 유지하는 능력을 잃는 상황이다. 시설을 성공적으로 운영하기 위해서는 시스템 성능에 대한 지속적인 모니터링이 필요하다.

조직 안전 탄력성을 가진 조직의 근본적인 특징은 조직원들이 자신이 하는 일에 대한 통제력을 잃지 않고 지속하고 반응할 수 있다는 것이다. 조직은 시설을 성공적으로 운영하기 위해 발생한 일(과거), 발생하고 있는 일(현재), 발생할 수 있는 일(미래)을 알아야 할 뿐만 아니라 무엇을 해야 할지, 이를 수행하는 데 필요한 자원을 보유해야 한다. 이러한 관점에서 조직의 성공적인 운영을 단정짓는 요인에는 시간, 지식, 역량 및 자원 등의

---

18) Woods, D., & Wreathall, J. (2003). Managing risk proactively: the emergence of resilience engineering. *Columbus: Ohio University.*

항목이 있다. 조직이 안전 탄력성을 갖기 위해서는 예측(anticipation), 감시(attention), 대응(response) 및 학습(learning)이 필요하다.[19],[20],[21]

3.11 근로자 자원관리(CRM)

1970년대 후반 인적오류로 인한 다양한 항공기 사고 이후 항공사는 근로자 자원관리 (Crew Resource Management, 이하 CRM) 교육을 개발했다. CRM은 비정상적인 상황에서 근로자 의사소통, 팀워크, 책임 위임과 관련한 요인을 개선하도록 설계되었다. 이후 의료, 항공 그리고 원자력 산업에서 해당 산업의 시설이 운영되는 상황을 정교하게 재현하여 시뮬레이터를 만들어 적용하였다. 그리고 시뮬레이터는 의사, 조종사 그리고 통제실 운영자가 문제 해결, 의사 결정 및 피드백 기술을 수행하도록 환경을 제공했다. 이러한 시뮬레이터 교육은 수십 년 동안 조종사 및 제어실 운영자 자격 및 재인증을 위한 전제 조건이었다.

(1) CRM 개요

1972년 12월 29일 상업용 여객기가 플로리다 에버글레이즈(everglade)[22]에 충돌하여 101명이 사망했다. 1977년 3월 27일 두 대의 상업용 항공기가 카나리아 제도의 테네리페 공항 활주로에서 충돌하여 500명 이상의 사망자가 발생했다. 테네리페 공항 참사는 단일 항공 사고 중 사상자 수가 가장 많았던 기록을 보유하고 있다. 이러한 재앙적인 사고의 주요 원인은 약 60~80%가 인적오류로 인한 것이었다. 이러한 오류는 기장의 좋지 않은 리더십 행동(효과적인 커뮤니케이션 실패 및 잘못된 의사 결정 등)으로 인해 발생했다 (Wagener & Ison, 2014). 이러한 문제를 해결하고 유사한 사고를 예방하기 위해 항공 산업은 CRM을 적용하였다. 그리고 항공분야를 시작으로 다른 고 위험 산업 분야에서도 CRM이 적용되었다. CRM 연구는 일반적으로 상황적 인식(Situational Awareness)에 초

---

19) Hollnagel, Woods, and Leveson. Resilience Engineering: Concepts and Precepts, 2006. pp. 21 – 23.
20) Hollnagel, E., & Woods, D. D. (2005). *Joint cognitive systems: Foundations of cognitive systems engineering*. CRC press.
21) Hollnagel, E., Woods, D. D., & Leveson, N. (Eds.). (2006). *Resilience engineering: Concepts and precepts*. Ashgate Publishing, Ltd..
22) 에버글레이즈는 미국 플로리다주 남부의 열대 습지 자연지대이다. 신열대구 내의 큰 유역 가운데 남쪽으로 절반을 차지한다.

점을 맞춰 왔으며 이 연구의 대부분은 인지적 관점에서 수행되었다.

여기에서 SA는 현실과 미래의 상황을 모니터링하거나 인식하는 능력이다. SA와 관련한 연구는 Endsley의 기본 개념에 따라 발전해 왔다. 이 개념은 인지 심리학에서 비롯되었으며 정보의 정신적 처리를 가정하지만 행동 관점에서 보다 명시적인 방식으로 해석될 수 있다. SA의 세 가지 구성 요소를 행동 측면에서 분석(Killingsworth, Miller 및 Alavosius, 2016)해 보면 (a) 지각(Awareness)은 자극 통제, 조건적 차별 및 반응 관찰의 관점에서 생각할 수 있다. (b) 이해(Comprehension)는 다양한 자극의 관찰 가능한 특징과 기본 기능, 그리고 다른 자극 및 사건과의 관계에 대한 언어적 반응이다. 그리고 (c) 투영(Projection)은 예측과 유사하게 분석될 수 있다. 예측은 개인의 학습이 우발 상황에서 환경과 상호 작용하는 방식이다.

일반적으로 SA에 영향을 주는 요인은 주의, 작업 부하 및 정신모델 등이 있다. i) 주의(attention)와 관련한 스트레스는 사람의 주의력에 부정적인 작용을 하여 SA에 영향을 준다. 예를 들면 야구 경기의 외야수가 날아온 공을 잡고 쓰리 아웃인 것으로 오인하여 (아웃카운트에 주의를 기울이지 않고) 잡은 공을 외야 관중에게 주는 행동으로 상대 팀 주자는 쉽게 득점을 하는 경우와 유사하다. ii) 작업 부하(workload)가 많게 되면 SA에 직접적인 영향을 준다. 자신이 할당 받은 업무가 상당하고 처리해야 할 시간에 쫓기게 되면 정상적인 SA는 불가능하다. 이러한 작업 부하를 확인하기 위해서는 NASA TLX[23])를 활용하여 점검해 보아야 한다. iii) 정신모델은 사람이 수행하는 작업을 정신적으로 표현하는 방식이다. 이 방식은 상호 연결된 스키마(schema)[24])로부터 정보를 표현하고 구성한다. 전문가들은 스키마를 더 크고 더 의미 있게 접근하기 쉬운 덩어리로 구성한다.

SA를 측정하기 위해 상황인식글로벌평가기술(Situational Awareness Global Assessment Technique, 이하 SAGAT)[25])을 활용한다. SAGAT는 가장 기본이자 널리 사용되는 SA측

---

23) NASA 작업 부하 지수(NASA-TLX)는 작업, 시스템 또는 팀의 효율성이나 기타 성능 측면 (작업 부하)을 평가하기 위해 인지된 작업 부하를 평가하는 널리 사용되는 주관적, 다차원 평가 도구이다. 평가 도구는 40개 이상의 실험실 시뮬레이션과 3년의 개발 과정을 통해 NASA의 Ames Research Center의 Human Performance Group에 의해 개발되었다. 이 평가는 4,400개 이상의 연구에서 인용되었다.
24) 스키마(Schema)는 인간의 뇌에 형성되어 외부로부터 지각(知覺)되는 정보를 체계적이고 간편하게 처리하도록 돕는 구조화된 사전지식(prior knowledge)이다.
25) 이외에도 상황인식현재평가방법(SPAM, Situation Present Assessment Method)과 같은 직접적인 조사 측정과 상황인식평가척도(SART, Situational Awareness Rating Scale) 등과 같은 측정이 이루어지고 있다.

정(지각, 이해 및 투영) 방법 중 하나이다. SAGAT를 통한 측정은 대상이 되는 작업이나 시나리오가 반영된 시뮬레이션이 무작위로 선택되어 제공되면서 시스템 디스플레이가 꺼지는 동안 측정의 대상이 되는 사람은 해당 상황에 대한 현재 인식과 관계된 질문에 신속하게 답변하는 과정으로 시행된다. 측정을 진행하는 사람이 SA와 관련한 질문을 하면 측정을 받는 사람은 적절한 답을 한다. 이러한 질문은 약 5분에서 6분 정도이다. 이러한 질문은 연필과 종이를 사용하거나 컴퓨터나 태블릿을 통해 제공할 수 있다. 시뮬레이션 컴퓨터 데이터베이스를 기반으로 측정의 대상이 되는 사람들의 인식을 실제 상황과 비교하여 SA 수준을 측정한다.[26],[27]

CRM은 항공 문헌에서 "가능한 최고 수준의 안전을 달성하기 위해 하드웨어, 소프트웨어 및 인력을 포함한 모든 자원을 효과적으로 사용하는 것"으로 정의하고 있다 (Northwest Airlines, 2005). CRM은 리더와 승무원이 가용한 자원을 효과적으로 활용하도록 작업 프로세스 계획, 역할과 기능에 대한 설명, 프로세스 모니터링, 계획에서 벗어난 업무 감지, 상부에서 하부로 수정 사항 전달, 필요에 따라 작업 조정, 중요한 변경 또는 작업 종료 시간 보고 및 인간-기계 시스템 인터페이스를 개선하는 방법을 포함한다. CRM은 복잡하고 역동적인 프로세스 상황에서 서로 다른 관점을 갖고 있는 승무원 간의 협력을 조율한다. 이러한 관점은 팀 모든 구성원의 행동을 최적화하고 멀리서 원격 제어 등을 통해 프로세스를 모니터링하는 인력의 입력을 포함한다. CRM에 기반한 관리방식은 팀 리더가 팀원들에게 앞으로의 작업을 알리고 개인 및 집단의 역할과 책임을 검토하며 진행 상황을 측정하기 위한 브리핑 회의로 시작하는 경우가 많다.

항공에서 시작된 CRM은 상황 인식, 의사소통 기술, 팀워크, 작업 할당 및 의사 결정을 포함한다. 항공사마다 핵심 프로세스와 기술 목록은 다르지만 모두 역동적인 환경에서 협력하여 일하는 승무원의 대인 관계와 상호 작용을 정의하는 데 중점을 둔다. CRM 조건에서 승무원이 운영 환경과 상호 작용할 때 측정할 수 있는 여섯 가지 핵심 기술은 의사소통, 상황 인식, 의사결정, 팀워크, 승무원의 능력한계와 리더십을 포함한다. 여섯 가지 중 리더십은 모든 요소의 필수적인 통합 기능을 제공한다.

26) SKYbray(2024). Situation Awareness Global Assessment Technique (SAGAT). Retrieved from: URL: https://skybrary.aero/articles/situation-awareness-global-assessment-technique-sagat.
27) Endsley, M. R. (2021). A systematic review and meta-analysis of direct objective measures of situation awareness: a comparison of SAGAT and SPAM. Human factors, 63(1), 124-150.

휴먼 퍼포먼스 개선과 안전 마음챙김

CRM은 표준 작업 지침을 준수할 수 있는 역량 프레임워크 제공과 함께 정상에서 벗어나는 상황을 효과적으로 관리하기 위해 만들어졌다.[28] 1970년대 후반 인적오류로 인해 수많은 항공 사고 이후 CRM체계가 개발되었다. CRM은 승무원의 안전하고 효율적인 작업 보장, 인적오류 저감 및 스트레스를 줄여 효율성을 높이기 위해 가능한 자원을 효과적으로 사용하는 것이다. CRM의 시작은 제트 항공기에 비행 데이터 녹음기(Flight Data Recorders, FDR)와 조종석 음성 녹음기(Cockpit Voice Recorders, CVR)가 도입되면서 가능했다. 녹음기에서 수집한 다양한 정보를 분석한 결과 많은 항공기 사고가 해당 시스템의 기술적 오작동이나 항공기 취급 기술의 실패 또는 승무원의 기술 지식 부족이 아니라는 것을 파악하게 되었다. 녹음기를 통해 분석한 결과 주요 사고는 승무원이 자신이 처한 상황에 적절한 대응을 하지 못하기 때문에 발생하는 것으로 파악되었다. 예를 들어 승무원과 다른 당사자 간의 부적절한 의사 소통은 상황 인식 상실, 항공기 내 팀워크 붕괴 그리고 궁극적으로 치명적인 사고로 이어지는 잘못된 결정으로 이어질 수 있었다.

훈련 보조 수단으로 동적 비행 시뮬레이터가 광범위하게 도입되면서 항공기 사고 원인에 대한 다양한 새로운 이론을 실험 조건에서 연구할 수 있게 되었다. 이러한 연구를 통해 CRM 체계는 비행 승무원의 의사소통, 팀 작업 및 비정상적인 상황에서 책임 위임 등을 하도록 설계되었다. 이러한 관점에서 근로자의 CRM역량 개발을 위하여 의료 산업, 항공 및 원자력 산업은 실제 운영 상황을 상정한 시뮬레이터를 개발하여 운영하였다. 이러한 시뮬레이터를 통해 의사, 조종사 및 제어실 운영자는 문제 해결과 의사 결정 능력을 개선할 수 있는 기회를 갖게 되었다. 수십 년 동안 이 시뮬레이터 교육은 항공기 조종사와 제어실 운영자의 자격 재인증을 위한 전제 조건이 되었다. 미 해군과 미 해안경비대도 이러한 사례를 채택하였다.

(2) 항공분야의 CRM

항공 분야에 CRM이 도입되면서 이 업계에 종사하는 승무원들 사이에 역동적인 변화가 촉진되었다. 역사적으로 항공 내 조직은 경직된 계층 문화가 팽배하였다. 기장은 비행 동안 궁극적인 권위자로 여겨져 왔다. 기장의 말은 곧 법으로 결코 의문을 제기하거

---

28) Alavosius, M. P., Houmanfar, R. A., Anbro, S. J., Burleigh, K., & Hebein, C. (2018). Leadership and crew resource management in high−reliability organizations: A competency framework for measuring behaviors. In *Leadership and Cultural Change* (pp. 168−196). Routledge.

나 이의를 제기해서는 안 된다는 것이 불문율이었다. 이러한 경직된 계층 구조에서 기장이 잘못된 결정을 내릴 경우 심각한 인적오류가 발생할 수 있다. 따라서 이러한 경직된 계층구조(권력거리, Power distance)29),30)를 해결하기 위해 기장과 승무원 간 효과적이고 명확한 양방향 의사소통을 위해 가용 자원(지식, 현재 상황 관찰 및 데이터 해석 등)을 활용해야 한다.

주요 항공사는 CRM을 확장하기 위하여 "참여를 통한 권위 그리고 존중을 통한 주장"이라는 핵심 단어를 사용하였다(Northwest Airlines, 2005). CRM 교육의 목표는 사고가 발생한 후 비난하기보다는 사고가 발생하기 전 다양한 상황을 공유하고 보고하도록 하는 것이었다. 이러한 교육을 통해 기장은 부조종사의 주의 경고(안전기준이나 절차를 위반하는 등)를 깊게 경청하는 의무를 가졌다.

CRM의 필수 구성 요소는 SA이다. 항공 분야는 SA 수준을 높이기 위해 주로 시뮬레이터를 활용한다. 일부 항공사에서 조종사는 9개월에 한 번씩 한 번에 이틀 동안 시뮬레이터 훈련에 참여해야 한다. 시뮬레이터 훈련 중에 조종사는 기기 오작동, 악천후 조건 또는 기타 불리한 상황이 존재하는 다양한 시나리오에 노출된다. 그리고 조종사는 항공기를 안전하게 조종하기 위해 사용 가능한 모든 정보를 통합하는 방식으로 대응해야 한다. 이 시뮬레이터를 통해 조종사의 행동 능력은 전문 강사에 의해 측정되고 평가된다(예: 1~5등급 척도 사용).

상업용 항공분야는 효과적인 CRM 적용을 통해 비행 안전성 수준이 개선되었다. 그리고 안전행동, 정책 및 구조적 구성 요소가 결합되어 보다 강화된 안전관리를 수행할 수 있게 되었다.

---

29) Hofstede(1980, 1991)는 다국적 기업인 IBM 66개국 사무실 근무자를 대상으로 부하 직원과 상사 간의 지위나 권력의 차이를 인식하는 정도를 파악하였다(권력거리 power distance). 이 연구를 통해 권력거리가 높을수록 부하 직원은 상사를 대하는 것을 꺼려하는 것으로 나타났다. 또한 대한항공 보잉 747호기 괌사고에 대한 월스트리트 저널(1999)의 논평에 따르면 한국의 독특한 사회/문화 요인에 의해 항공사고가 발생한다고 하고 있다. 공군 조종사는 공군 사관학교 출신으로 그들이 착용하는 반지는 즉각적인 존경을 의미한다. 기장은 부기장이 실수를 할 경우 다양한 방법으로 압박을 가한다. 이러한 한국의 특정 문화적 요인이 항공사의 안전에 악영향을 미친다는 점을 지적하였다.
30) Strauch, B. (2017). *Investigating human error: Incidents, accidents, and complex systems*. CRC Press.

(3) 원자력 분야의 CRM

휴먼 퍼포먼스를 개선하고자 한 원자력 산업의 초기 시도는 주로 사람의 행동에 초점을 맞추었다(이러한 상황은 기타 산업에서도 공통적으로 대응한 인적 오류 개선 방식이었다). 하지만 휴먼 퍼포먼스 개선은 주로 조직적인 부분과 환경적인 부분을 집중하여 개선해야 하는 방식이라는 것을 인식하고 기존의 방식과는 다른 다양한 개선이 이루어졌다.

원자력 분야의 기술은 더욱 고도화되고 복잡해 졌다. 그리고 원자력 분야에는 다양한 제어 시스템, 안전 프로토콜 적용 및 사고 예방 소프트웨어를 적용함에도 불구하고 인적오류에 대한 근본적인 문제가 항상 존재한다. 이에 따라 원자력 분야의 CRM목표는 시스템에서 사람의 행동(특히 숙련된 행동)을 최적화하여 인간, 프로세스 및 기술과 함께 조화시키는 것이다. CRM의 핵심 요인은 SA와 긴밀한 관계가 있어 SA측정을 위하여 SAGAT(Situational Awareness Global Assessment Technique), SPAM(Situation Present Assessment Method) 및 SARS(Situational Awareness Rating Scale)가 활용된다. 이러한 측정은 일반적으로 원자력 분야에서 공통된 특정 시나리오에 맞게 맞추어져 진행된다. 측정을 하는 평가자는 작업 환경을 상정한 시뮬레이터에서 근로자의 감지 변화를 확인(신호에 대한 응답 지연 정도, 보고 편차의 정확성, 감지된 변동의 결과에 대한 이해 등)하여 평가한다.

(4) 의료계의 CRM

항공분야와 원자력 분야 등 높은 위험이 있는 산업에서 시행하던 CRM은 의료계에서도 관심의 대상이 되었다. 주로 수술실, 분만실 그리고 응급실 등의 장소는 여러 가지 역동적인 의사 결정과정에서 긍정적인 행동을 유도할 CRM이 필요했다. 의료계에서 먼저 CRM을 도입한 분야는 마취과이다. 마취과에서 주로 일어나는 문제는 인적오류로 인한 사고로 여러 마취과 의사(VA Palo Alto Health Care System과 Stanford University)는 마취 환자 안전 재단의 자금 지원을 받아 CRM을 모델로 한 마취위기자원관리(Anesthesia Crisis Resource Management, 이하 ACRM)를 개발했다. ACRM은 83가지의 중요한 사건(예: 급성 출혈, 기관지 경련, 발작)을 분류하고 이에 대한 관리 방안이 있다.

의료계에서의 또 다른 CRM은 MedTeams(Medical Teams) 행동기반 팀워크 시스템(Dynamics Research Corporation에서 개발하고 육군 연구소에서 후원)이다. 이 시스템은 군용 헬리콥터 항공에서 응급 의학에 이르기까지 팀 성과 및 훈련에 대한 연구를 적용하는 것을 목표로 한다. MedTeams 접근 방식의 기본 원칙에는 환자에 대한 팀의 책임,

임상의가 범할 수 있는 오류에 대한 이해, 동료 모니터링 및 환자 상태 확인 등이 있다. 이 원칙은 MedTeams 시스템의 기본 구성 요소일 뿐만 아니라 ACRM 및 항공 분야의 CRM 접근 방식과 유사하다.[31],[32]

(5) 미해군과 해안경비대 CRM

미해군과 해안경비대도 유사한 휴먼 퍼포먼스 개선(HPI) 원칙을 적용하였다. 그리고 1990년 중반 약 100개의 원자력 발전소를 대표하는 원자력 운영 연구소(INPO)는 원자력 발전소 근로자를 교육하기 위해 휴먼 퍼포먼스 기본교육을 처음으로 도입했다. 이 교육의 주요 내용은 인적 오류, 조직 사고 및 휴먼 퍼포먼스이다.

31) Pizzi, L., Goldfarb, N. I., & Nash, D. B. (2001). Crew resource management and its applications in medicine. Making health care safer: A critical analysis of patient safety practices, 44, 511−519.

32) Agency for Healthcare Research and Quality. (2001). Making Health Care Safe: A Critical Analysis of Patient Safety Practices. *The American Journal of Cosmetic Surgery*, *18*(4), 215−224.

제2장

일반적인 마음챙김

제2장

일반적인 마음챙김

 **마음챙김**

1. 마음이란?

마음은 생각하고, 상상하고, 기억하고, 의지하고, 감각하는 것 또는 그러한 현상을 담당하는 일련의 능력이다. 마음은 지각, 쾌락과 고통, 믿음, 욕망, 의도, 감정 경험과 관련이 있다. 마음은 의식적, 무의식적 상태, 감각적, 비감각적 경험을 포함한다.[1]

2. 마음과 신체의 연결

뇌와 말초신경계, 내분비계와 면역계, 그리고 실제로 우리 몸의 모든 기관과 우리가 겪는 모든 감정적 반응은 공통의 화학적 언어를 공유하며 끊임없이 서로 소통하고 있다 (Dr. James Gordon, founder of the Center for Mind-Body Medicine).

마음은 뇌와 같은 의미를 갖고 있지 않다. 마음은 생각, 감정, 신념, 태도 및 이미지와 같은 정신상태(mental state)로 구성된다. 뇌는 우리가 이러한 정신 상태를 경험할 수 있

---

1) Wikipedia. (2023). Mind. Retrieved from: URL: https://www.mindef.gov.sg/web/wcm/connect/rsaf/038029f7－551b－4fca－a7e5.

게 해주는 하드웨어이다. 정신 상태는 완전히 의식적이거나 무의식적일 수 있다. 즉, 우리는 왜 반응하는지 알지 못한 채 상황에 감정적으로 반응할 수 있다. 신체기관은 시스템적으로 운영되며, 정신상태와 주기적이고 효과적으로 작용한다. 정신상태로 인해 육체에 긍정적 혹은 부정적인 영향을 줄 수 있다. 예를 들어, 불안이라는 정신적 상태는 스트레스 호르몬을 생성하게 한다. 두뇌에 있는 정신상태는 시상하부(Hypothalamus), 뇌하수체(Anterior pituitary), 부신겉질자극 호르몬(ACTH), 부신피질(Adrenal cortex), 스테로이드계 유기화합물 부신분비물(Cortisol)과 작용을 한다.[2],[3]

3. 마음챙김의 정의

마음챙김(Mindfulness)은 모든 생각과 느낌을 있는 그대로 알아차리는 것이다.[4] 마음챙김은 불교심리학을 기반으로 하고 있다. 마음챙김의 어원은 빨리(Pali)어의 sati이며, sati는 깨달음과 자각의 의미를 갖고 있다.[5] Jon Kabat-Zinn의 마음챙김 기반 스트레스 감소(MBSR, Mindfulness Based Stress Reduction) 프로그램은 마음챙김을 서양 심리학에 도입하는 데 중추적인 역할을 한 것으로 알려져 있다. Kabat-Zinn(2003)에 따르면, 마음챙김은 순간순간 경험에 따라 판단하지 않고 현재 순간에 의도적으로 주의를 기울임으로써 나타나는 인식이다. Langer(2015)가 말하는 마음챙김은 기존의 범주, 맥락, 선입견, 마인드세트를 자동적으로 따르는 마음놓침(Mindlessness)에서 벗어나, 새로운 것을 인식하는데 열린 적극적인 마음 상태를 뜻한다.[6]

마음챙김을 통해 행복은 운명이 아니라 후천적으로 얻어질 수 있는 상태로 훈련에 의해 증가될 수 있다.[7] 마음챙김은 사람의 생각, 감정, 신체감각과 같은 현재 순간의 느낌

2) University of Minnesota. (2023). What Is the Mind-Body Connection. Retrieved from: URL: https://www.takingcharge.csh.umn.edu/what-is-the-mind-body-connection.
3) KAISER PERMANENTE. (2023). Relax, Release, Renew. Introduction to mindful meditation & Demonstration. Retrieved from: URL: https://www.slideshare.net/sophia 763824/introduction-to-mindful-meditation-presentationpdf.
4) 최아미, & 이승곤. (2023). 항공사 객실승무원의 마음챙김, 심리적 안녕감, 직무만족 간의 구조적 관계: 재직기간의 조절효과. *관광연구저널*, *37*(1), 165-177.
5) 김진옥, & 박윤미. (2017). 여행사 종사원의 마음챙김 (Mindfulness) 이 삶의 질에 미치는 영향: 감정소진과 감정조절의 매개효과 검증. *관광연구저널*, *31*(12), 5-20.
6) 최미림. (2017). 사무직 노동자의 창의성과 내적동기 향상을 위한 마음챙김(Mindfulness) 기반의 그룹 코칭 프로그램 제안. *연세상담코칭연구*, *8*, 115-133.
7) 안희영. (2014). 마음챙김 혁명: MBSR (마음챙김에 근거한 스트레스 완화)을 중심으로. *한*

을 있는 그대로 알아차리는 상태로서, 심리적 장애 및 괴로움을 감소시킬 뿐만 아니라 행복 및 안녕감을 증가시킨다.8),9)

마음챙김은 혼돈과 혼란, 생각과 통찰, 희망과 두려움 속에서 그 정신을 명확하게 보도록 배우는 것이다. 마음챙김은 수동적 체념이 아니며 감정이나 욕망의 제거도 아니다. 오히려 우리의 가치와 기분에 더 깊이 연결하게 한다. 우리 삶을 속속들이 의식하게 해서 가장 의미 있는 것에 집중하도록 돕는다. 마음챙김은 우리를 더 너그럽게 하고 타인을 더 지원할 수 있게 한다. 명상을 통해 마음챙김 역량은 강화될 수 있지만 마음챙김이 오직단순한 명상 수행은 아니다.10),11),12)

아래 표는 다양한 학자들이 제안한 마음챙김에 대한 정의이다.

학자	정의
Brown & Ryan, 2003	현재 경험이나 현재 현실에 대한 향상된 주의력과 인식
Kabat-Zinn, 2003	경험에 따라 판단하지 않고 현재 순간에 의도적으로 주의를 기울임으로써 나타나는 자각
Baer et al., 2006	마음챙김은 i) 내부 및 외부 자극 관찰, ii) 관찰된 현상 설명, iii) 활동에 참여할 때 자각하고 행동, iv) 현재 순간 경험에 대해 판단하지 않음, v) 내부 경험에 반응하지 않음이라는 다섯 가지 측면으로 구성된다.
Yu & Zellmer-Bruhn, 2018	팀 상호작용은 현재 사건에 대한 인식과 관심, 그리고 팀 내 경험에 대한 경험적이고 비판단적인 처리로 팀 구성원 간의 공유된 믿음

국정신과학회 학술대회논문집, 116−131.

8) 윤석인. (2022). 마음챙김이 심리적 건강에 미치는 영향: 무아관의 매개효과. *Korean Journal of Counseling*, *23*(3), 125−142.

9) Maymin, P. Z., & Langer, E. J. (2021). Cognitive biases and mindfulness. *Humanities and Social Sciences Communications*, *8*(1), 1−11.

10) Innovative Resources. (2020). Mindfulness or mindlessness—a battle of the minds? Retrieved from: https://innovativeresources.org/mindfulness−or−mindlessness−which−is−better/.

11) Stuart−Edwards, A., MacDonald, A., & Ansari, M. A. (2023). Twenty years of research on mindfulness at work: A structured literature review. *Journal of Business Research*, *169*, 114285.

12) Rix, G., & Bernay, R. (2014). A study of the effects of mindfulness in five primary schools in New Zealand. *Teachers' Work*, *11*(2), 201−220.

Langer, 1989, 2014	현재에 위치하고, 상황과 관점에 민감하며, 규칙에 의해 안내되지만 지배되지는 않는 새로운 구별 그리고 활동적인 마음 상태
Weick et al., 2000	중요한 세부 사항을 예리하게 인식하고, 생성 과정에서 오류를 발견하고, 공유된 전문 지식과 그들이 발견한 것에 따라 조치를 취할 자유를 갖는 그룹과 개인의 능력

4. 마음챙김 모델

Shapiro 등(2016)이 제안하고 있는 마음챙김 모델은 아래 그림과 같이 의도(Intention), 주의(Attention) 및 태도(Attitude)로 구성된다. 마음챙김 모델의 세 가지 구성요소는 별도로 작동되지 않으며, 순간순간 상호보완적으로 작동된다.[13]

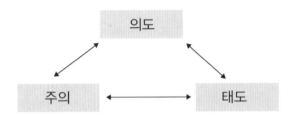

(1) 의도

스트레스를 많이 받는 사업가는 고혈압을 줄이기 위해 마음챙김 수련을 시작하였다. 그가 마음챙김을 시행한 결과 스트레스 완화와 고혈압 감소 외에도 그의 아내와 더욱 친절하게 관계하려는 추가적인 긍정적 의도를 발견할 수 있었다. 이와 유사한 연구에서 명상 수련자가 계속 수련함에 따라 그들의 의도가 자기 조절에서 자기 탐구로 그리고 자기 해방을 위한 방향으로 이동한다는 것을 발견했다.

마음챙김을 통해 자기조절이 목표인 사람은 자기조절을 달성했고, 자기탐색이 목표였던 사람은 자기탐색을 달성했으며, 자기해방이 목표인 사람은 자기해방을 향해 나아갔다. 이러한 발견은 의도를 갖고 실행하는 행동으로 인해 변화하고 발전할 수 있는 원동력이 된다.

---

13) Shapiro, S. L., Carlson, L. E., Astin, J. A., & Freedman, B. (2006). Mechanisms of mindfulness. Journal of clinical psychology, 62(3), 373－386.

(2) 주의

마음챙김의 맥락에서 주의를 기울이는 것은 순간순간의 내부 및 외부를 관찰하는 것이다. 주의를 기반으로 하는 치료의 창시자인 Fritz Perls는 주의 자체가 치료적이라고 주장했다. 주의는 내부 및 외부 행동에 주의를 기울이는(즉, 관찰하는) 능력에 기초한 인지 행동 치료에서도 볼 수 있다.

(3) 태도

주의를 끄는 특성은 태도를 기반으로 한다. 마음챙김을 하는 사람은 의식적으로 어떤 것에 헌신을 한다. 예들 들면, 나의 마음챙김, 인식에 친절, 호기심, 개방성 등이 있다.

5. 마음챙김의 이점

마음챙김과 관련한 국내와 해외연구를 살펴보면 아래와 같은 다양한 이점이 있다.

- 마음챙김 기반 스트레스 완화 프로그램을 적용한 결과, 스트레스가 줄어들고 삶의 질이 높아졌다는 연구가 있다.

- 마음챙김 명상을 기반으로 한 집단미술치료 프로그램이 직장인의 직무 스트레스와 대인관계에 미치는 영향을 파악한 결과, 직무 스트레스가 감소되었고 지배성, 보복성, 냉담성, 사회적 회피성, 비주장성, 간섭성 등이 감소되었다는 연구가 있다.

- 마음챙김 명상이 조직유효성에 미치는 영향을 파악한 결과, 조직유효성, 스트레스관리, 집중력 및 업무능력, 공감 및 협력, 신뢰, 창의력, 위기 관리 능력, 직무만족, 발표력 등이 향상되었다.

- 마음챙김 명상이 주식투자자의 마음챙김, 집착과 정량뇌파에 미치는 효과를 연구한 결과, 마음챙김 정도가 유의하게 증가, 집착은 유의하게 감소 그리고 알파파를 증가시켜 주식투자자의 안정과 각성을 향상시키는 것으로 나타났다.

- 마음챙김 활동 참여 시, 신체적 자기인식에 긍정적인 영향과 자신감에 긍정적인 영향을 주는 것으로 나타났다.

- 만성근골격계 통증 환자를 중심으로 마음챙김명상 프로그램에 자비수행을 추가한 마음챙김명상 프로그램의 효과를 비교한 결과, 통증, 우울 및 상태불안이 유의하게 감소했다. 그리고 순수 마음챙김 명상에 더해 자비수행을 추가한 집단은 삶의 만족도에서 더 좋은 영향이 있었다.

- 암 환자를 대상으로 한 임상 개입 연구에서 마음챙김의 증가는 기분 장애 및 스트레스 감소에 영향을 주었다.

- 마음챙김을 통해 작업기억(working memory)이 개선되는 효과가 있었다.

- 마음챙김 MBCT 적용 결과, 정서적 웰빙이 크게 향상되었고, 우울증이 감소하였다.

- 마음챙김 MBCT 적용 결과, 불안, 반추적 사고, 수면 문제가 개선되었고 우울증 증상이 감소하였다. 다음 표는 전술한 마음챙김 적용으로 인한 이점이 포함된 논문을 요약한 내용이다.[14],[15],[16],[17]

논문명	이점
마음챙김 기반 스트레스 완화 프로그램이 간호대학생의 생활 스트레스, 스트레스 대처 및 삶의 질에 미치는 효과(한국 콘텐츠학회, 2022)	실험군에게 마음챙김 기반 스트레스 완화 프로그램(MBSR)을 적용(4주 8회기)하고 대조군과 비교한 결과, 실험군이 대조군보다 일상 생활 스트레스, 스트레스 대처 및 삶의 질 분야에서 좋은 이점이 있었다.
마음챙김 명상을 기반으로 한 집단미술치료 프로그램이 직장인의 직무스트레스와 대인관계에 미치는 영향(한국 콘텐츠 학회, 2020)	실험군에게 집단미술치료 프로그램을 적용(6주 12회기, 주 2회 각 90분)하고 대조군과 비교한 결과, 실험군이 대조군보다 직무 스트레스가 감소되었다. 그리고 지배성, 보복성, 냉담성, 사회적 회피성, 비주장성, 간섭성 등이 감소되었다.

---

14) 샤우나 샤피로. (2022). 뇌를 재설계하는 자기연민 수행, 마음챙김. ㈜로크미디어.
15) 김동희, & 이라진. (2022). 마음챙김 기반 스트레스 완화 프로그램이 간호대학생의 스트레스, 극복력 및 삶의 질에 미치는 효과. *한국콘텐츠학회 종합학술대회 논문집*, 477 – 478.
16) 이경민, 김인규, & 임은실. (2020). 마음챙김 명상을 기반으로 한 집단미술치료 프로그램이 직장인의 직무스트레스와 대인관계에 미치는 영향. *한국콘텐츠학회논문지*, *20*(5), 410 – 425.
17) 지성구, 김열권, & 여찬구. (2016). 마음챙김 명상이 조직유효성에 미치는 영향에 관한 예비적 연구. *경영교육연구*, *31*(3), 93 – 116.

마음챙김 명상이 조직유효성에 미치는 영향에 관한 예비적 연구(한국경영교육확회, 2016)	마음챙김 명상에 최소 1회 참가한 조직 구성원과의 심층면접을 시행한 결과, 조직유효성에 긍정적인 영향, 스트레스관리, 집중력 및 업무능력 향상, 공감 및 협력, 신뢰, 창의력, 위기 관리 능력, 직무만족, 발표력이 향상되었다.
마음챙김 명상이 주식투자자의 마음챙김, 집착과 정량뇌파에 미치는 효과 연구(한국산학기술학회, 2022)	주식투자 경험이 있는 사람을 대상으로 마음챙김 명상 참여 실험군에게 마음챙김 명상 전후 비교(6주 16회, 온 오프라인 수련)를 한 결과, 마음챙김 정도가 유의하게 증가, 집착은 유의하게 감소하였다. 마음챙김 명상이 마음챙김 정도를 개선시키고 집착을 감소시키면서 알파파를 증가시켜 주식투자자의 안정과 각성을 향상시키는 것으로 나타났다.
마음챙김 활동 참여 시 자기관리가 신체적 자기지각 및 자신감과의 관계 검증(한국체육과학회지, 2021)	마음챙김 활동에 참여한 269명을 대상으로 연구한 결과, 신체적 자기인식에 긍정적인 영향을 미치는 것으로 나타났다. 그리고 자신감에 긍정적인 영향을 주었다.
마음챙김명상 프로그램에 자비수행을 추가한 마음챙김명상 프로그램의 효과비교: 만성근골격계 통증 환자를 중심으로 (Korean Journal of Stress Research)	이 연구는 순수 마음챙김명상 프로그램에 자비수행을 추가하여 만성 근골격계 통증환자들에게 적용하였다. 순수 마음챙김 명상 대상에게 프로그램을 적용(총 7회기, 각 집단 10명씩 무선 할당하여 1시간 30분)한 결과, 통증, 우울 및 상태불안이 유의하게 감소했다. 순수 마음챙김 명상에 더해 자비수행을 추가한 집단은 20여 분의 자비수행 교육과 실습을 겸했다. 그 결과, 자비수행을 추가한 집단이 순수 마음챙김명상 집단보다 수용, 탈중심화, 삶의 만족 예상에서 더 큰 변화량을 보였다. 두 집단 모두 추적 검사에서 상당 부분 효과가 유지되었다.
The Benefits of Being Present: Mindfulness and Its Role in Psychological Well-Being(Journal of Personality and Social Psychology, 2003)	암 환자를 대상으로 한 임상 개입 연구에서 시간이 지남에 따라 마음챙김의 증가가 기분 장애 및 스트레스 감소와 관련이 있었다.
The Effects of Mindfulness-Based Cognitive Therapy on Depressive Symptoms in Elderly Bereaved People with Loss-Related Distress: a Controlled Pilot Study(*Mindfulness, 2014*)	실험그룹인 마음챙김 그룹은 대조 그룹보다 작업기억(working memory)이 개선되었다.
Do improvements in emotional distress correlate with becoming more mindful? A study of older adults(*Aging and Mental Health, 2009*)	실험그룹에 MBCT 적용 이후 정서적 웰빙이 크게 향상되었다. 향상된 정서적 웰빙과 관련된 마음챙김이 증가하고 우울증이 감소되었다.

구분	이점
Mindfulness-based cognitive therapy with older adults: an exploratory study(*journal of gerontological social work, 2014*)	MBCT에 참여한 실험그룹의 불안, 반추적 사고, 수면 문제가 개선되었고 우울증이 감소하였다.

전술한 마음챙김의 여러 이점을 심리적, 인지적 그리고 신체적으로 구분하여 요약한 아래 표를 참조한다.

구분	이점
심리적	행복감 증가, (자신과 타인에 대한) 자비 증가, 삶의 만족도 증가, 관계의 질 개선, 업무 만족도 증가, 삶의 의미 증가, 스트레스 감소, 우울감소 및 불안감 감소
인지적	주의력 증가, 기억력 증가, 창의력 증가, 혁신력 증가, 딴생각 감소 및 문제 해결력 증가
신체적	면역 기능 개선, 고혈압 개선, 만성 통증 감소, 콜레스테롤 수치 감소, 혈압, 심장 기능 등 심혈관 인자의 개선, 스트레스 호르몬인 코르티솔 수치 감소, 수면의 질 향상, 주의력, 기억력, 감성 지능, 자비, 공감과 관련된 뇌 영역의 피질 비후(DNA 가닥 끝을 수리하고 보호하여 젊음과 건강을 유지하고 노화를 늦추는 효소인 텔로머레이스─telomerase) 수치 증가, 뇌의 신경 통합이 증가하여 최적의 기능 수행 가능

6. 국내외 마음챙김 연구현황

마음챙김 연구 초기에는 행동치료와 인지행동치료의 한계점을 극복하기 위한 연구가 시작되었다. 이후 1990년대에 명상을 접목한 심리치료법 분야가 확대되었다. 국내외 마음챙김 연구는 마음챙김 기반 스트레스 감소(MBSR, Mindfulness–Based Stress Reduction), 마음챙김 원리를 응용한 심리치료(MIP, Mindfulness–Informed Psychotherapy), 마음챙김 기반의 심리치료(MBP, Mindfulness–Based Psychotherapy), 마음챙김 지향의 심리치료(MOP, Mindfulness–Oriented Psychotherapy), 마음챙김 기반의 인지지료(MBCT, Mindfulness–Based Cognitive Therapy), 마음챙김 기반의 재발방지(MBRP, Mindfulness–Based Relapse Prevention), 마음챙김 기반 식사 인식훈련(MBEAT , Mindfulness–Based Eating awareness Training), 변증법적 행동치료(DBT, Dialectical Behavior Therapy), 수용전념치료(ACT, Acceptance & Commitment Therapy) 등이 있다.

국내의 마음챙김 프로그램은 MBSR, MBCT, DBT 및 ACT가 주로 사용되고 있는데, 그중 한국 MBSR연구소가 운영하는 것이 가장 체계적인 것으로 알려져 있다. 해외의 마음챙김 연구는 신경과학과 연계한 뇌과학적 증거를 기반으로 하는 마음챙김 효과를 분석하는 과정과 마음챙김을 교육현장에도 적용하는 과정으로 이어지고 있다. 스탠포드대, 프린스턴대 및 뉴욕대 등에서는 마음챙김 프로그램이 운영되고 있으며, 성인용 프로그램을 학생 수준에 맞게 변형하여 운영하고 있다.

2019년 7월 29일 기준 마음챙김 관련 선행연구 결과, 국내는 학술지 967개, 단행본 507개, 학위논문 685개 및 기타가 125개로 총 2,284개가 존재한다. 그리고 해외는 기타 11,844개, 학위논문 654개, 단행본 1,690개 및 학술지 11,967개로 총 56,218개가 있다. 아래표는 국내와 해외의 마음챙김 연구현황을 요약한 내용이다.[18]

구분	계	학술지	단행본	학위논문	기타
국내	2,284	967	507	685	125
해외	56,218	42,030	1,690	654	11,844

II 마음놓침

1. 마음놓침의 근원

1.1 마음놓침의 정의

마음챙김을 충분히 이해하기 위해서는 마음놓침에 대한 이해가 필요하다. 마음놓침은 영어로 Mindlessness로 정신없음 또는 무관심 등으로 해석할 수 있다. 우리가 습관적으로 하는 운전, 다림질, 운동 등의 행동이 마음놓침에 해당할 수 있다. 마음챙김의 전문가인 Langer는 마음놓침을 선입견에 의존하여 사물을 실제로 있는 그대로 보거나 다루지 않고, 우리가 기억하거나 정의한 대로만 보는 비활성 상태의 마음이라고 설명하고

---

18) 신준석, & 조성진. (2019). 마음챙김 코칭 프로그램 개발에 관한 탐색적 연구: 과학기술인에 대한 적용을 중심으로. *인적자원개발연구, 22*(4), 1-21.

있다. 또한 마음놓침은 우리가 이미 결정된 사고방식에 전념한다는 의미로도 해석할 수 있다. 마음놓침은 주로 습관에서 비롯되며 이와 관련한 부정적인 결과에는 알코올 중독, 도박, 과식, 폭력 및 불안전한 행동 등이 있다.[19)

1.2 마음놓침의 위험성

우리가 어떤 업무를 지속적으로 수행하면서 터득한 기술이나 역량이 어느 정도 능숙해지면, 해당 업무의 구체적인 또는 개별적인 요인이나 부분이 우리의 의식에서 없어질 가능성이 크다. 이러한 경우 우리는 그 업무를 어떻게 구체적으로 하는지 기억하지 못하더라도 그 업무를 잘 할 수 있다고 가정할 가능성이 높다. 즉, 자신이 판단할 때 익숙한 상황에 대해서는 더 이상의 주의를 기울일 필요가 없다는 가정을 통해 마음놓침 현상이 발생한다. 마음놓침 현상이 발생하는 이유는 우리가 어떤 일을 처음 할 때 생성된 사고방식을 집착하기 때문이다.

1.3 마음놓침을 하는 이유

사람이 마음놓침을 하는 이유는 다양한 요인이 있지만 주로 결과 지향적인 목표를 설정하고 이를 따르기 때문이다. 어떠한 일의 시작은 목표 설정과 긴밀한 관계가 있다. 사회나 조직의 일들은 다양한 상황들로 연결되어 있고 상호 보완적인 절차에 따라 긴밀한 관계를 형성한다. 그리고 모든 일들은 정해진 자원과 절차에 따라 조직 구성원의 책임한계를 설정한다. 이러한 사유로 사람은 각자의 역할과 책임을 다하면서 정해진 목표를 달성하고자 노력하는 것이다.

정해진 목표는 달성가능하고 도전적이어야 하지만, 실제 우리 생활이나 조직에서는 너무 도전적이면서 달성하기 어려운 목표가 설정되는 경우가 많이 있다. 이로 인해 사람들은 정해진 절차보다는 현장 중심의 방안을 터득하여 적절한 타협점을 찾아 목표 달성을 이룬다.[20) 하지만, 문제는 타협점을 찾는 과정이나 결과가 매번 좋을 수는 없다.

---

19) Innovative Resources. (2020). Mindfulness or mindlessness—a battle of the minds? Retrieved from: https://innovativeresources.org/mindfulness−or−mindlessness−which −is−better/.

20) 홀라겔(2018)은 생산, 운영 및 작업 등을 위한 계획(상정)된 기준을 WAI(work as imagined)하고, WAI를 기반으로 사람이 실행하는 운영 혹은 작업을 WAD(work as done)

그 이유는 타협점을 찾는 과정에서 또 다른 타협점을 찾거나 다양한 변동성(variabilities)이 생성되기 때문이다. 이로 인해 사람들은 상황이나 사물을 보면서 통상적인 시각에서 시간에 쫓기면서 자신들을 둘러싼 상황을 파악하기 어렵게 된다. 마음놓침을 하는 또 다른 이유는 우리가 특정 상황을 처리하는 방법을 너무 잘 안다고 가정할 경우이다. 우리가 특정 상황에 대해서 친숙하다고 판단할 경우 최소한의 주의를 기울여 반응한다.

2. 마음놓침으로 인한 피해

2.1 통제력 상실

우리가 사는 다양한 장소에서 다양한 마음놓침 상황이 발생한다. 어떤 작업을 수행하던 과정에서 심각한 부상을 입은 사람을 대상으로 사고 인터뷰를 시행하는 과정이 있었다. 부상을 입은 사람은 회사를 입사한 지 3년이 되지 않았던 신규 근로자로서 추락방지 보호구를 착용하였으나, 적절한 지점에 걸지 않고 작업을 수행하던 중 그만 추락으로 인해 부상을 입었다. 부상을 입은 신규 근로자는 선배나 동료들이 하던 행동을 지속적으로 봐온 터라 보호구를 적절한 지점에 건다는 것이 중요하다고 생각하지 않았던 것으로 답변하였다. 마음놓침은 선배 또는 동료들의 행동을 따를 때 일어날 수 있으며, 때로는 중대한 사고를 일으키는 요인으로 사람의 통제력을 상실하게 하여 사고를 유발한다. 마음놓침은 우리의 현명한 행동을 방해함으로써 통제력을 제한한다.

2.2 무력감 팽배

심리학자 Martin Seligman의 연구에 따르면, 학습된 무력감은 문제를 해결하기 위한 해결책이 있을 때에도 그 해결책을 찾지 못하게 하는 요인이다. 학습된 무력감에 대한 일반적인 사례는 쥐 시험에서 입증되었다. 쥐는 물에 들어가면 일반적으로 40~60시간

라고 하였다. 그리고 WAI와 WAD 사이에서 사람이나 조직이 효율성과 철저함을 절충하는 것을 ETTO(efficient thoroughness trade-off)라고 하였다. ETTO는 효율성과 철저함 사이의 이러한 균형 또는 균형의 본질을 다루는 원칙이다. 일상 활동, 사업장 또는 여가에서 사람들(및 조직)은 통상적으로 효율성과 철저함 사이에서 선택의 기로에 서게 된다. 그 이유는 두 가지를 동시에 모두 충족하는 경우는 거의 불가능하기 때문이다. 자원은 한정한데 생산성이나 성과를 급히 올리고자 한다면, 그 생산성과 성과를 높이기 위해 철저함이 줄어들기 때문이다.

동안 수영을 할 수 있다. 하지만 쥐를 즉시 물에 넣지 않고 쥐가 몸부림을 멈출 때까지 붙잡아 두었다가 집어넣으면, 쥐는 수영을 포기하고 익사한다. 또 다른 사례로 만성 질환자가 치료를 받는 병동은 일반적으로 강한 무력감이 팽배하다. 하지만 이들이 다른 일반 병동으로 이동하면 무력감이 줄어 병이 호전되는 경우가 있었다. 하지만 그들이 다시 만성 질환자가 있는 병동으로 가면 특정 환자들이 건강상 좋지 않은 증상을 갖게 되었다. 무력감은 주변 동료 다수가 무력감을 느끼고 있을 때 발현되는 마음놓침 현상의 피해이다. 위험 상황에 지속적으로 노출되는 근로자가 무력감을 느끼고 있을 때 마음놓침으로 인해 사고가 발생할 가능성이 크다.

마음챙김 활용

1. 마음챙김을 잘 하는 법

종일 집 청소와 육체적인 일을 하는 여성들 중 규칙적인 운동을 하지 않는 사람을 대상으로 실험을 하였다. 대상자 중 절반에게는 자신의 가사일과 노동을 체육관에 가는 것과 같은 운동으로 여기라는 말을 하였고, 나머지 절반은 아무런 말을 하지 않았다. 이러한 실험의 결과는 극적이었다. 가사일과 노동을 운동으로 생각하라는 말을 들은 여성들은 체중이 줄고 혈압도 내려갔다. 하지만 아무런 말을 듣지 않은 사람은 신체적인 변화가 없었다. 지금부터 우리가 살펴보고자 하는 다양한 연구와 사례는 마음챙김을 잘할 수 있는 방안이다.[21],[22],[23],[24],[25]

21) WBUR. (2023). 9 Ways To Be More Mindful From The 'Mother Of Mindfulness,' Ellen Langer. Retrieved from: https://www.wbur.org/radioboston/2014/10/15/mindfulness—langer.

22) Forbes. (2015). The Huge Value Of Mindfulness At Work: An Interview With Ellen Langer. Retrieved from: https://www.forbes.com/sites/sebastianbailey/2015/06/18/the—huge—value—of—mindfulness—in—organizations—an—interview—with—ellen—langer/?sh=2bf8cb817bf9.

23) VISME. (2016). Perfectly Imperfect: Using Mindfulness to Make a Powerful Presentation. Retrieved from: https://visme.co/blog/mindfulness—tips—presentations/.

24) Windworks. (2023). 5 Ways to Improve Mindfulness. Retrieved from: https://mindworks.org/blog/5—ways—improve—mindfulness/.

25) 이공이, & 원희욱. (2022). 마음챙김 명상이 주식투자자의 마음챙김, 집착과 정량뇌파에 미

1.1 새로운 점에 주목한다.

모든 것은 항상 변하므로 관점에 따라 모든 것은 다르게 보일 수 있다. 하지만 우리는 그것들을 그저 잘 알고 변하지 않는다고 생각하는 경향이 있다. 이러한 생각은 일반적일 수 있다. 하지만 우리가 모든 것이 변하는 상황에서 새로운 것에 적극적으로 주의를 기울이고 알아차린다면 지금보다 훨씬 더 흥미로운 삶을 살수 있다.

1.2 불확실성의 중요성을 배운다.

우리가 이미 알고 있는 상황이나 상태에서 대해서 호기심과 의도를 갖는 마음가짐으로 사물을 대한다면 다양한 불확실성 또는 변동성을 파악하여 대처할 수 있다.

1.3 생각을 바꾸면 몸도 바뀔 수 있다.

어떠한 일을 할 때 그 일을 노동으로 생각하는 경우와 운동으로 생각할 때의 결과는 확연하게 달랐다. 이 결과는 우리가 마음챙김을 하는 순간 몸이 건강하게 바뀔 수 있다는 가능성을 보여준다.

1.4 명상을 하는 것에 대해서 걱정하지 않는다.

일반적인 마음챙김은 명상을 포함하지만, 명상이 마음챙김의 필수 조건은 아니다. 즉, 명상은 마음챙김으로 이끄는 도구일 뿐이다. 명상이 없는 마음챙김은 우리가 살아가는 동안 상황을 그대로의 상황으로 잘 알아차리는 과정이다.

1.5 마음챙김 명상을 시행한다.

명상은 마음을 변화시키는 방법으로, 자신의 마음 상태에 대해 책임을 지고 정신 상태를 더 좋게 바꿀 수 있게 해준다. 명상은 집중력 향상, 긍정적인 감정과 평화로운 행복 증가, 새롭고 더욱 행복한 존재 방식 영위 그리고 마음에 활력을 불어넣을 수 있게 해준

치는 효과 연구. *한국산학기술학회 논문지*, *23*(4), 151-160.

다. 명상에서 가장 중요한 것은 호흡에 주의를 기울이는 것이다. 숨이 들어오고 나가는 느낌, 배가 오르내리는 느낌에 주의를 기울이면 마음챙김을 유지하는 데 도움이 된다.

마음챙김 명상은 나를 둘러싼 모든 일에 대한 생각, 느낌 그리고 감각을 있는 그대로 인식하는 것이다. 명상은 과거와 미래의 부정적인 생각과 감정들에 자동적으로 반응하지 않고, 긍정적인 면을 바라보는 훈련이다. 마음챙김 명상을 하는 동안 교감 신경계의 활성이 저하되고 이완과 휴식에 중요한 부교감 신경계의 활성이 증가된다. 이러한 활성은 단순히 쉬거나 자는 상태와는 다른 상태이다. 즉, 마음챙김 명상은 깨어 있는 저대사 상태에서 현실 그 자체를 잘 알아차리는 과정이다. 마음챙김 명상을 시행하면 몸을 이완시키는 것 외에도 정신을 편안하게 유지할 수 있으며 정신적 이완은 신체에 피드백을 줄 수 있어 더 깊은 육체적 이완을 유도하게 된다.

1.6 마음챙김은 아래에서 위로 한다.

조직에서 마음챙김을 시행하는 경우, 근로자 수준에서 시행하는 방안이 효과적이다. 마음챙김은 위에서 아래로 또는 아래에서 위로 어떤 수준에서 시작해도 좋다. 하지만 마음챙김은 근로자 수준에서 시작하여 경영층 수준으로 이어질 때 좋은 방향으로 전개될 가능성이 크다.

1.7 시간이 오기 전까지 걱정하지 않는다.

과거의 잘못 그리고 미래의 불안으로 인해 다양한 걱정과 스트레스가 발생한다. 아무리 과거의 잘못을 뉘우치고 아쉬워하고 미래의 불안을 준비한다고 하여도 과거의 잘못은 고칠 수 없고 미래의 잘못이나 불안은 일어나지 않을 수 있다. 따라서 현시간에 현실과 상황을 잘 인지하고 잘 알아차리면서 미래의 긍정적인 일을 만드는 것이 중요하다.

1.8 일과 삶에 대한 균형 대신 일과 삶을 통합한다.

우리는 일과 삶의 균형추 중간점에 맞추려는 노력을 한다. 이러한 상황은 지위고하를 막론하고 모든 사람들이 갖는 성향이기도 하다. 지난 며칠 너무 야근을 많이 했으니 이제 삶을 위해 일과는 단절한 채로 휴식을 취하는 상황을 상정해 본다. 이러한 상황을 살펴보면, 휴식을 취하고 다시 직장으로 돌아가면 또 다른 야근이 존재하고 있을 것이고 또 휴식을 취해야 하는 일련의 과정이 되풀이될 것이다. 이러한 경우 사람이 느끼는 스트레스나 걱정은 일을 하는 경우나 휴식을 취하고 있는 경우에도 지속적일 가능성이 크다. 따라서 일과 삶을 구체적으로 구분하여 균형점을 찾는 방식보다는 일과 삶을 통합하는 것이 보다 좋을 것이다. 직장에 있든, 집에 있든, 어디에 있든 우리가 일과 삶을 통합하여 마음챙김을 한다는 사실을 간과하지 않는 것이 중요하다.

1.9 마음챙김 호흡을 한다.

우리는 항상 숨을 쉬고 있지만 숨을 쉰다는 사실을 주의 깊게 인식하지 않는 경향이 있다. 직장이나 학교에서 또는 한 장소에서 다른 장소로 이동하는 동안 호흡을 인식하는 연습을 추천한다. 식료품점에서 줄을 서고 있을 때, 버스를 기다리는 동안, 교통 체증 속에서 그리고 식사 전후 다양한 상황에서 호흡에 주의를 기울인다.

단 한 번의 의도적인 호흡만으로도 즉각적으로 현재 순간을 인식할 가능성이 크다. 숨을 들이 쉬고 내쉬는 과정을 거듭한다. 그리고 호흡의 차이를 인식하려고 노력한다. 숨을 들이마시면 몸에 필요한 산소가 공급되고 숨을 내쉬면 몸에서 독소가 배출된다. 자동차를 운전하는 동안 멈춤 신호에 따라 정차할 경우, 이를 스트레스로 받아들이지 않고 잠시 숨을 들이마시고 내 쉰다. 이러한 마음챙김 호흡을 통해 부정적인 감정이 감소될 가능성이 크다.

1.10 주의 깊게 듣는다.

일상생활에서 주변의 소리를 들으면서 마음챙김을 해 본다. 이 소리는 무언가가 넘어지는 소리인가? 개가 짖는 소리인가? 누군가 화를 내는 소리인가? 휴대폰으로 통화하는 사람들의 소리인가? 등 주변의 소리를 단순히 듣는다. 다만, 소리를 들을 때 부정적이거나 선입견을 갖기보다 긍정적이고 주의 깊게 듣는다.

1.11 마음챙김 감사를 한다.

주위를 둘러보고 다양한 환경, 사물 그리고 사람들에게 감사의 마음을 갖는다. 마음챙김은 감사의 마음에서 시작된다. 아무리 사소하게 보이는 무언가에 대해서도 감사의 마음을 갖고 그 감사의 마음을 표현한다.

1.12 산책을 한다.

밖으로 나가 걷기 좋은 장소를 찾고 사물과 상황을 인식한다. 걸으면서 발이 땅에 닿았다가 다시 올려질 때 발의 압력에 주의를 기울인다. 발가락과 다리의 근육이 몸을 앞으로 나아가게 하는 데 어떻게 작용하는지 생각해 본다. 가능하다면 산책을 통한 명상을 정기적인 수련의 일부로 만든다.

1.13 침묵을 즐기는 법을 배운다.

우리의 삶은 교통 소음, 비행기 소리, 직장 동료나 친구들이 떠드는 소리, 전화 통화 소리, 전화 메시지 소리, 무언가 떨어지는 소리 그리고 무언가 터지는 소리 등 다양한 원치 않는 소리들에 쌓여 있다. 이러한 원치 않는 소리는 우리가 마음챙김을 하는데 방해 요인으로 작용한다. 마음챙김에 도움이 되는 조건은 조용함이다. 조용히 탐구하는 시간을 보내본다. 그럼에도 불구하고 세상은 결코 조용하지 않다는 것을 배우게 될 것이다. 그 이유는 바람이 불고, 나뭇잎이 바스락거리고, 새소리와 동물 소리 그리고 비 내리는 소리 등 다양한 소리들이 존재하기 때문이다. 따라서 마음챙김을 하기 위한 조건으로 우리 스스로가 침묵을 하고 조용히 주변의 소리를 듣는 것이 필요하다.

1.14 분주함을 없앤다.

마음챙김을 하기 위해서는 다양한 멀티태스킹 업무를 줄여야 한다. 사람이 다양한 업무에 다양한 마음챙김을 한다는 것은 매우 어려운 것이 현실이다. 멀티태스킹을 잠시 중단하면 어떤 일이 발생하는지 확인해 본다. 그리고 각 업무 단계에 최대한 집중하고 다음 단계로 넘어가기 전 업무를 완료할 수 있도록 노력한다. 이를 위해 방해 요소를 최대한 제거하는 것이 필요하다. 스마트폰을 비행기 모드로 설정하고, 방해가 되는 앱을 모두 삭제하고 그리고 배경 소음을 차단한다. 분주함을 없애고 당면한 작업에 지속적인 주의를 기울인다.

2. 마음챙김 장애요인

2.1 정확도 고수

마음챙김은 수치에 따라 어느 정도 수준에 도달하거나 달성해야 하는 구체적인 목표가 없다. 그 이유는 마음챙김은 다분히 추상적이고 무형적이기 때문이다. 마음챙김은 누가 먼저 도착해야 하는 일종의 경주가 아니라 장시간의 여행이라는 것을 명심한다. 또한 판단하지 않는 것이 마음챙김의 핵심 요인이라는 것을 인식해야 한다. 마음챙김은 배우기 어려운 기술일 수 있지만 연습을 지속하면 더욱 쉬워질 수 있다.

2.2 변명

스트레스를 받는 상황이나 불편하거나 불안전한 상황에서 마음챙김을 할 수 없다는 변명을 하지 않는다. 그리고 마음챙김을 할 시간이 없다는 변명을 하지 않는다. 그 이유는 마음챙김을 하면서 스트레스나 불안전한 상황이 해결될 것이고 마음챙김을 할 시간은 충분히 있기 때문이다.

2.3 멀티태스킹

우리는 조직에서 동시에 다양한 업무를 수행하는 압박을 받는다. 동시에 다양한 업무를 수행한다는 의미의 멀티 태스킹(Multi-tasking)은 우리의 집중력을 분산시켜서 한 번에 하나에 집중하는 것보다 모든 작업을 훨씬 더 느리게 수행하게 만든다. 직장에서의 훌륭한 마음챙김은 어떤 업무가 완료될 때까지 하나의 작업에만 집중하는 것이다.

2.4 조바심

마음챙김을 처음하는 경우 생각이 방황하는 것을 멈추기 어렵고 빠른 마음챙김을 하고자 하는 조바심이 생기기 쉽다. 따라서 자신에게 조금 더 친절한 인내심을 갖도록 노력하는 것이 중요하다. 자신이 생각할 때 인내심이 없어진다는 느낌을 받을 때마다 부드럽게 몸을 가누고 깊은 호흡을 통해 대상에 초점을 맞추는 것이 중요하다. 마음챙김은 조바심을 갖는다고 빠르게 오는 것이 아니라는 것을 명심하고 지속적이고 일관되게 마음챙김을 하고자 하는 의지를 갖는 것이 중요하다.

2.5 높은 기대치

마음챙김은 경쟁상대가 아니라는 것을 인식한다. 우리는 마음챙김과 우리 자신에 대한 높은 기대를 갖고 있는 것이 현실이다. 하지만, 마음챙김 초기에는 다양한 장애요인과 상황으로 인하여 우리가 기대한 만큼의 성과를 얻기 힘들다.

제3장

안전 마음챙김

제3장

안전 마음챙김

안전관리는 일반적으로 서비스 또는 제품 사용으로 인해 발생할 수 있는 사고 그리고 작업과 관련한 사고를 예방하기 위한 일련의 원칙, 프레임워크, 프로세스 및 조치를 적용하는 활동이다. 또한 사업장에 존재하는 유해하거나 위험한 요인을 찾아 과학적인 기술이나 기법을 적용하여 위험수준을 낮추는 체계적인 활동이다. 이러한 활동에는 다양한 범주의 학문이 요소요소에 적용되고 상호작용되면서 최적의 활동을 이끈다. 그 예로는 전기, 기계, 화공, 금속, 전자, 인간공학, 토목 및 건축 등 공학적 측면 그리고 인적오류, 심리, 태도 및 행동 등의 인문학적인 측면 그리고 여기에 법적인 측면을 빼놓을 수 없다.

본 책자가 설명하고자 하는 안전 마음챙김은 공학적 측면과 인문학적 측면을 다루고 있다. 안전 마음챙김의 공학적 그리고 인문학적 측면과 관련한 선행연구를 조사한 결과, 국내에는 아쉽게도 유사한 연구를 찾아보기 힘들었다. 다만, 해외의 경우 유사한 연구가 일부 존재하고 있지만 실무에 적용하기에는 한계가 존재하고 있어 아쉬웠다. 이런 배경에 따라 저자는 일반적인 마음챙김 이론과 사례를 기반으로 안전 마음챙김을 연구하고 사업장에 적용할 만한 실행 방안을 모색하고자 한다.

일반적인 마음챙김은 안전 마음챙김 요소를 포함한 포괄적인 측면이 있지만 안전과 관련한 공학적 그리고 인문학적 방안을 제시하는 데에는 한계가 있다. 그 이유는 일반적인 마음챙김과는 다르게 안전 마음챙김은 사업장에 존재하는 추락, 넘어짐, 낙하, 감전, 끼임, 충돌, 화재, 폭발 등 다양한 위험요인에 대한 가능성과 심각성에 대한 검토를 통해 사고를 예방하기 위한 실질적인 대안이 필요하기 때문이다. 따라서 지금부터 검토해 보고자 하는 사항은 일반적인 마음챙김 이론과 사례를 기반으로 기존의 안전관리 방식에 어떻게 안전 마음챙김 방안을 적용할지에 대한 검토와 대안을 제시하고자 하는 것이다.

I 안전 마음챙김 검토

안전전문가들은 안전관리와 관련하여 전문성을 가진 사람들을 일컫는다. 안전전문가는 사업장의 유해하거나 위험한 요인을 찾고, 기계, 전기, 건설, 화학, 법학, 심리학 및 인간공학 등의 다양한 학문적 이론과 경험을 토대로 사고를 예방할 수 있는 방법을 제안하고 개선하는 위치에 있는 사람이다. 이러한 사람들은 때로는 근로자와 경영층의 중간에서 사업장의 안전 문제를 개선하기 위해 경영층을 설득해야 하는 위치에 있는 경우도 있다. 이러한 사유로 안전전문가는 다양한 분야의 학문을 이해하고 위험에 주의를 기울이는 것이 중요하다고 생각하는 것은 자연스러운 일이다. 하지만, 안전관리와 관련해 마음챙김이라는 단어가 대체 의학 및 인지 행동 치료와 연관되어 등장하면 일부 안전전문가는 입을 닫고 토론하기를 중단하는 경향이 있다. 지금부터 안전 마음챙김의 이론과 관련한 선행 연구사례와 실행사례를 통해 안전 마음챙김에 한 걸음 다가설 수 있는 방안을 검토해 보고자 한다.

1. 안전 마음챙김

안전 마음챙김은 위험에 대한 인식을 높이는 수련이다. 최근 연구에 따르면, 안전 마음챙김을 실천하는 근로자는 그렇지 않은 근로자보다 더 생산적이고 안전하며 긍정적인 마음을 갖는다고 알려져 있다. 안전 마음챙김은 명상이나 선과 같은 활동과는 거리가 있다. 안전 마음챙김은 현재 순간에서 위험에 대한 향상된 인식을 통합하여 내부 경험과 외부 자극 모두에 주의를 기울이는 활동으로 눈에 보이는 위험 그리고 눈에 보이지 않는 잠재된 위험을 인식하도록 지원하는 역할을 한다.

안전 마음챙김은 미래에 일어날 위험을 인식하는 방법(predictive hazard recognition)

과 이미 발생하였던 위험을 인식하는 방법(retrospective hazard recognition)을 활용한다. 안전 마음챙김은 기타 안전관련 활동과는 다르게 위험을 찾아 별도의 문서를 작성하거나 기재하는 방식이 아니다. 그리고 정해진 주기나 형식에 얽매이지 않는 근로자 스스로 시행하는 지속적인 위험 인식 과정(mental processing)이다. 따라서 작업 전, 작업 중, 작업 내용 변경 시 및 작업완료 후 그리고 생활 모든 과정에서 시행할 수 있다.

전술한 과정을 효과적으로 시행하기 위해 저자는 SAFE 절차를 제안한다. SAFE의 S는 위험을 조사한다는 의미에서 Scan, A는 위험을 분석한다는 의미에서 Analyze, F는 위험을 확인한다는 의미에서 Find hazard 및 E는 파악한 위험인식을 강화한다는 의미에서 Enforcement이다.

SAFE절차는 마치 우리가 운전을 하는 동안 차량의 계기판에 있는 속도계, 온도 및 속도 등을 습관적으로 확인하고 자신의 차량 주변 다른 차량의 근접 상황을 확인하는 과정과도 같다. 그리고 도로에 설치된 안전표지, 신호 및 CCTV를 주시하며 주행 페달과 브레이크를 번갈아 가며 조작하는 것과 같다. 또한 비가 오는 양에 따라 와이퍼의 속도를 가감하는 것과 같다. 이렇듯 도로상의 운전자가 차량을 운전하면서 지속적인 위험 인식을 통해 안전 운전과 방어 운전을 하는 상황은 좋은 안전 마음챙김의 실례이다. 이 과정은 차량을 운행하는 동안 발생할 수 있는 충돌, 부딪침 그리고 속도위반 등을 하지 않기 위해 운전자가 지속해서 안전 마음챙김을 적용한 결과로 누가 보고 있거나 지시해서 하는 것보다는 위험에 대한 높은 인식 수준이 몸에 밴 행동이다.

이러한 과정을 작업 현장에 적용해 본다면, 근로자가 자신이 일하는 장소에 존재하는 추락 위험을 인지하고 안전벨트를 지지점에 연결하는 경우와 같다. 높은 장소에 있는 물건이 하부로 떨어질 위험이 있어 결속하는 행동과 같다. 이동용 전동장치의 전선 피복이 심하게 벗겨져 감전의 위험을 인지하고 사용을 금지한 행동과 같다. 통행로 개구부로 인해 넘어짐이나 추락의 위험을 개선한 조치와 같다. 이러한 과정은 전술한 안전 운전과 방어 운전처럼 누가 보고 있거나 지시해서 하는 과정이기보다는 위험에 대한 높은 인식이 몸에 밴 행동으로 볼 수 있다.

전술한 도로의 운전자와 작업 현장 근로자의 상황을 비교하면, 운전자는 도로상에서 마주한 위험이 임박했고 자신에게 직접적인 사고의 위험이 있어 안전한 행동을 했다고 생각할 수 있다. 한편, 작업 현장의 경우 도로상에서 운전하는 상황과는 다르게 마주한 위험이 그다지 심각하지 않고 자신과는 상관없는 위험임에도 불구하고 그런 행동을 했다는 것은 일반적이지 않다고 생각할 수 있다. 즉 '나 같으면 그렇게 까지는 하지 않을

것'이라는 의견이 있을 수 있다. 그렇다면, 이러한 상황에서 작업현장의 근로자를 도로
상의 운전자와 같이 안전한 행동을 하도록 하려면 어떻게 해야 할까?

운전자 사례에서 보았듯이 도로상의 운전자는 다양한 위험 상황에서 위험 인식 능력
그리고 안전 운전과 방어 운전 능력을 갖추고 있다. 그들은 자신이 알든 모르든 도로상
에서 지속적인 안전 마음챙김을 하고 있다. 그런데 그 훌륭한 운전자는 작업 현장에 도
착해서 안전 마음챙김을 잘 하지 않는 것이 핵심 요인이다. 따라서 도로상에서 안전 마
음챙김을 하는 근로자를 작업 현장에서도 안전 마음챙김을 할 수 있도록 지원하는 방안
이 절실히 필요하다.

2. 사고순차모델과 안전 마음챙김

사고순차모델(accident sequence model)에 따르면, 위험이 존재하는 상황에서 사람은
위험한 행동 또는 안전한 행동을 선택한다. 주로 위험한 행동을 선택하는 사람은 위험
에 대한 주의력과 인지능력이 낮아 위험을 수용하는 부류이다. 한편 안전한 행동을 선
택하는 사람은 위험에 대한 주의력과 인지능력이 있어 위험을 수용하지 않는 부류이
다.[1] 사고순차모델에서 집중적으로 살펴봐야 할 사항은 위험이 존재하는 상황에서 근로

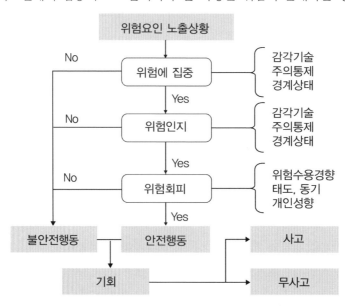

---

1) Asadi, S., Karan, E., & Mohammadpour, A. (2017). "Advancing safety by in−depth
   assessment of workers attention and perception" International Journal of Safety,
   1(03), pp. 46−60.

휴먼 퍼포먼스 개선과 안전 마음챙김

자가 감각기술, 주의통제 및 경계를 통해 위험에 집중하는 것이다. 그리고 이러한 과정을 거치면서 위험을 피하려고 하는 일련의 과정이다. 이러한 과정이 우리가 추구하고자 하는 안전 마음챙김의 핵심 요인이다.

3. 불안전 행동과 안전 마음챙김

리즌(1990)은 사람의 불안전한 행동을 의도하지 않은 행동과 의도한 행동으로 분류하였다. 그리고 의도하지 않은 행동을 부주의(slip) 및 망각(lapse)으로 구분하고 의도한 행동은 착각(mistake)과 위반(violation)으로 구분하였다. 그리고 부주의(slip), 망각(lapse) 및 착각(mistake)을 기본적인 인적오류(human error)라고 정의하였다.

이 정의에서 부주의와 망각이 안전 마음챙김과 더 많은 관계가 있다. 저자가 발전소에서 근무하던 당시 발전소 공정지역이 아닌 행정동 주변에 쉼터가 있었다. 이곳은 주로 근로자나 방문객이 머무르면서 휴식도 취하고 담배도 피는 곳이었다. 당시 발전소에서 담배를 피운다는 것은 좋지 않은 이미지를 제공할 뿐 아니라 화재나 폭발의 위험도 있다는 다수의 의견에 따라 쉼터를 금연장소로 지정하게 되었다. 그리고 금연장소라는 사실을 알리기 위한 게시판을 설치하였다. 당시 게시판은 쉼터 기둥 좌측과 우측에 고정하는 방식으로 높이 약 1.8미터 정도에 설치되었다. 게시판은 견고한 샤시(chassis) 재질이었다. 당시 설치 담당자는 일회용 현수막으로 설치할 경우 바람이 불어 자주 교체해야 하는 부담을 줄이기 위해 견고한 샤시(chassis) 재질을 선정한 것으로 기억한다. 그런데 문제는 게시판을 설치하고 머지 않아 발생했다. 발전소 소방시설을 점검하기 위하여 외부에서 온 점검자가 쉼터에서 쉬다가 머리를 다치는 사고로 약 5바늘을 꿰매는 수술을 해야 했다. 사고가 발생한 이유는 그 점검자가 쉼터 의자에서 쉬다가 일어나면서 금연장소임을 알리는 게시판에 머리를 부딪힌 것이다. 당시 점검자의 키는 1.8미터가 넘었다. 이 사고를 통해 점검자의 부주의는 안전 마음챙김과 긴밀한 관계가 있음을 알 수 있었다.

4. SRK모델과 안전 마음챙김

SRK 모델은 1983년 Rasmussen이 제안한 휴먼 퍼포먼스 모델(human performance model)에서 소개된 용어이다. 이 모델은 인적오류를 기술기반 행동, 절차기반 행동 및

지식기반 행동으로 구분하였다. SRK의 S는 전술한 기술기반 행동 Skill-based behavior, R은 절차기반 행동 Rule-based behavior 그리고 K는 지식기반 행동 Knowledge-based behavior의 영어 앞 약자를 조합한 것이다.

James Reason은 1990년 Rasmussen의 SRK모델을 기반으로 일반적인 실수 모델링 시스템(Generic Error-Modelling System, 이하 GEMS)을 소개하였다. GEMS 모델은 사람이 특정 작업을 위해 정보 처리를 하는 방법과 작업을 완료하는 과정에서 기술기반 행동(skill-based behavior), 절차기반 행동(rule-based behavior) 및 지식기반 행동(knowledge-based behavior) 간의 이동을 보여준다. 일반적으로 기술기반 행동(skill-based behavior)은 의식적인 모니터링이 거의 없는 매우 친숙하거나 습관적인 상황에서 고도로 훈련된 신체적 행동을 포함한다.[2] 주로 이러한 행동은 중요한 의식적 사고나 주의 없이 기억에 의해 실행된다. SKR 모델에서 기술기반 행동이 안전 마음챙김과 더 많은 관계가 있다.

저자가 발전소에서 근무하던 당시 교대근무 구성원은 Fuel Gas Preheater Room 내부 Unit Heater의 Fan[3] 회전 여부를 확인하는 과정에 있었다. 구성원은 다음 좌측 사진과 같은 Unit Heater 정면에서 Fan 회전 여부를 눈으로 확인한 이후 우측 사진과 같이 회전하고 있던 Fan에 손을 넣어 확인하던 중 Fan에 손을 베어 6바늘을 꿰매야 하는 사고를 입었다. 구성원이 무언가를 확인하기 위해 무의식적으로 사물을 만져보려는 행동은 사고로 이어졌다. 이러한 행동은 기술기반 행동에 가깝고 안전 마음챙김과 긴밀한 관계를 보여준다.

---

2) Reason, J. (1990). *Human error*, Cambridge university press
3) Unit Heater는 발전소의 주 연료인 낮은 온도의 천연가스를 가스터빈에 보내 연소하기 전 일정 온도로 높여주는 역할을 하는 Fuel Gas Preheater Room 내부에 설치되어 있다. 그리고 Unit Heater는 Fan을 가동시켜 Preheater Room 내부의 온도를 유지시켜 주는 역할을 한다.

5. 안전문화와 안전 마음챙김

James Reason은 Managing the risks of organizational accidents라는 책자에 언급된 공유된 문화(informed culture)는 시스템을 관리하고 운영하는 사람들, 시스템 전체의 안전을 결정하는 인적, 기술적, 조직적 및 환경적 요인과 관련한 최신 지식을 갖는 것이다. 보고문화(reporting culture)는 관리자와 근로자가 징벌적 조치의 위협 없이 중요한 안전 정보를 자유롭게 공유하는 것을 의미한다. 공정문화(just culture)는 불안전한 행동에 대한 수용 가능한 범위와 수용 불가능한 범위를 설정하고 구성원이 따르고 신뢰하는 분위기를 포함한다. 학습 문화(learning culture)는 조직이나 개인이 다양한 정보를 통해 배운 사실들을 모으고 이에 대한 체계를 구성하여 구성원이 학습할 수 있는 분위기를 조성하는 역량을 포함한다. 유연한 문화(flexible culture)에는 의사결정의 긴급성과 관련자의 전문성에 따라 의사결정 과정의 유연함이 있다. 여기에서 유연한 문화는 고신뢰조직(HRO)의 다섯 가지 특성 중 하나인 안전탄력성(commitment to resilience)과 관계가 있다. 그리고 원자력규제위원회(NRC, Nuclear Regulatory Committee)가 2011년 발표한 긍정적인 안전문화 아홉 가지 특성과 고신뢰조직(HRO)의 다섯 가지 특성은 상호 관계가 있다. 그리고 고신뢰조직(HRO)은 안전 마음챙김을 기반으로 하고 있으므로 안전문화와 안전 마음챙김은 상호 관계가 있다고 볼 수 있다.[4],[5]

6. 개인적 그리고 집단적 안전 마음챙김

안전 마음챙김은 개인적(individual) 안전 마음챙김과 집단적(collective) 안전 마음챙김으로 구분할 수 있다. 개인적 마음챙김은 내부와 외부 모두에서 발생하는 현재 사건과 경험에 대한 수용적인 관심과 인식으로 개인의 정신 건강, 신체 건강, 행동 규제 및 대인 관계를 포함한 여러 중요한 영역에서 긍정적인 영향을 준다. 개인적 안전 마음챙김은 집단적 안전 마음챙김의 기본 구성요소이며 작업상황과 관련된 위험에 대한 개인의 상황적 인식(situation awareness)으로 볼 수 있다.

집단적 안전 마음챙김은 개인적 안전 마음챙김을 기본 요소로 안전을 높은 수준의 가치

---

4) Reason, J. (2016). *Managing the risks of organizational accidents.* Routledge.
5) Hopkins, A. (2002). Safety culture, mindfulness and safe behaviour: converging ideas?

로 생각하는 조직에서 나타난다. 집단적 안전 마음챙김은 상향식, 하향식 그리고 수평식 등의 행태로 적용할 수 있다. 이러한 접근 방식은 조직의 다양한 계층 내에서 상황적 인식(situational awareness)을 확장하고 부서 간의 정보 흐름과 시스템 효율성을 개선하고 궁극적으로 개선된 안전 문화를 위한 변화를 활용한다는 높은 수준의 목표를 가지고 있다.[6]

7. 안전 마음챙김 선행연구

다양한 선행연구를 살펴보면 안전 마음챙김은 근로자의 불안전한 행동과 긴밀한 관계가 있다. 안전 마음챙김을 하는 근로자는 안전한 행동을 할 가능성이 크고 그렇지 않은 근로자는 불안전한 행동을 할 가능성이 크다. 안전 마음챙김을 하는 근로자는 위험과 관련한 주의력이 깊어 외부 환경과 내부 프로세스를 더 잘 인식할 수 있다. 그리고 주의력 이탈, 기억 편향 및 오류 같은 인지 실패를 피할 가능성이 더 높다. 다양한 선행연구를 살펴보면 안전 마음챙김을 하는 근로자가 많을수록 사업장의 안전성과가 높아진다는 결과가 있다.[7],[8],[9],[10],[11],[12],[13]

---

6) European Commission, Future SKY SAFETY. (2020). Safety Mindfulness.

7) Jiang, Z., Fang, D., & Zhang, M. (2015). Understanding the causation of construction workers' unsafe behaviors based on system dynamics modeling. *Journal of Management in Engineering*, *31*(6), 04014099.

8) He, C., McCabe, B., Jia, G., & Sun, J. (2020). Effects of safety climate and safety behavior on safety outcomes between supervisors and construction workers. *Journal of construction engineering and management*, *146*(1), 04019092.

9) Koppel, S., Bugeja, L., Hua, P., Osborne, R., Stephens, A. N., Young, K. L., ... & Hassed, C. (2019). Do mindfulness interventions improve road safety? A systematic review. *Accident Analysis & Prevention*, *123*, 88−98.

10) Feldman, G., Greeson, J., Renna, M., & Robbins−Monteith, K. (2011). Mindfulness predicts less texting while driving among young adults: Examining attention−and emotion−regulation motives as potential mediators. *Personality and individual differences*, *51*(7), 856−861.

11) Zhang, J., & Wu, C. (2014). The influence of dispositional mindfulness on safety behaviors: A dual process perspective. *Accident Analysis & Prevention*, *70*, 24−32.

12) Zhang, J., Ding, W., Li, Y., & Wu, C. (2013). Task complexity matters: The influence of trait mindfulness on task and safety performance of nuclear power plant operators. *Personality and Individual Differences*, *55*(4), 433−439.

13) Zohar, D., & Erev, I. (2007). On the difficulty of promoting workers' safety behaviour: overcoming the underweighting of routine risks. *International Journal of Risk Assessment and Management*, *7*(2), 122−136.

7.1 안전한 행동 지원

사람은 기본적으로 복잡한 삶, 감정, 관계 형성 그리고 스트레스에 노출되어 있다. 그리고 동시에 여러 가지를 처리해야 하는 다양한 상황에 놓이게 된다. 지금 하고 있는 일을 그만두고 또 다른 업무를 하던 중 또 다른 업무 혹은 기존의 업무를 다시 돌아가 업무를 다시 하는 등 상황은 수시로 변한다. 그리고 개인으로서 그리고 팀으로서 또는 그룹으로서 동일 지역 또는 떨어진 지역에서 구성원과 상호 협력을 해 가며 업무를 수행한다. 한시라도 서로의 의사소통, 약속, 지침 그리고 절차를 따르지 않을 경우 어떤 일이 일어날 지는 누구도 예상할 수 없다. 안전 마음챙김은 경험이나 현실에 대한 향상된 주의력과 인식을 포함한다. 다양한 선행연구를 살펴보면 안전 마음챙김을 하는 근로자는 위험에 주의를 기울여 안전한 행동을 할 수 있다는 연구결과가 있다.[14],[15],[16],[17],[18],[19]

7.2 인지실패와의 관계

인지실패(recognition failure)는 사람이 일반적으로 어려움이나 실수 없이 완료할 수 있는 상황에서 발생하는 인지 기반 오류이다. 인지실패가 일어나는 이유는 산만함과 주의 집중을 하지 못하는 성격 특성에서 비롯된다. 인지실패를 줄이기 위해 주의를 기울이는 근로자는 잠재적인 위험을 인지하고 편견 없는 판단을 내리며 위험한 행동을 통제

14) Martínez−Córcoles, M., & Vogus, T. J. (2020). Mindful organizing for safety. *Safety science, 124*(1), 1−5

15) LaPorte, T. R., & Consolini, P. M. (1991). Working in practice but not in theory: theoretical challenges of "high−reliability organizations". *Journal of Public Administration Research and Theory: J−PART, 1*(1), 19−48.

16) Vogus, T. J., & Sutcliffe, K. M. (2007, October). Organizational resilience: towards a theory and research agenda. In *2007 IEEE international conference on systems, man and cybernetics* (pp. 3418−3422). IEEE.

17) Warner, K. E. (2022). Mindfulness: Essential for a Safe Culture in Healthcare. *Journal of Radiology Nursing, 41*(4), 253−254.

18) Dahl, Ø., & Kongsvik, T. (2018). Safety climate and mindful safety practices in the oil and gas industry. *Journal of safety research, 64*, 29−36.

19) Standard, D. O. E. (2009). Human performance improvement handbook volume 1: concepts and principles. *US Department of Energy AREA HFAC Washington, DC, 20585.*

할 가능성이 높다는 연구가 있다.[20],[21],[22]

7.3 안전성과의 상관관계

안전성과(safety performance)는 안전준수(Safety compliance)와 안전참여(Safety participation)로 구성되어 있다. 안전준수는 규칙을 준수하는 등 작업장 안전을 유지하기 위한 근로자의 역할적 행동을 의미한다. 안전참여는 조직 구성원이 사고를 예방하는 활동에 참여하는 적극적인 행동을 의미한다. 안전 마음챙김을 통해 주의를 기울인다면 안전준수와 안전참여 수준이 높아져 안전성과가 좋아질 수 있다. 특히 안전준수와 같은 피동적인 안전활동에 비해 안전참여는 근로자의 자발적인 의도에 따른 안전행동으로 그 효과가 크다.[23],[24],[25],[26] 다음 그림은 전술한 안전 마음챙김과 안전성과의 상관관계를 보여준다.

20) AMERICAN SOCIETY OF SAFETY PROGESSIONALS. (2023). A Case Study on ALARP Optimization. Retrieved from: URL: https://www.assp.org/news−and−articles/what −is−mindfulness−and−how−can−it−improve−safety.

21) Broadbent, D. E., Cooper, P. F., FitzGerald, P., & Parkes, K. R. (1982). The cognitive failures questionnaire (CFQ) and its correlates. *British journal of clinical psychology*, *21*(1), 1−16.

22) Kanai, R., Dong, M. Y., Bahrami, B., & Rees, G. (2011). Distractibility in daily life is reflected in the structure and function of human parietal cortex. *Journal of Neuroscience*, *31*(18), 6620−6626.

23) Zhang, J., Ding, W., Li, Y., & Wu, C. (2013). Task complexity matters: The influence of trait mindfulness on task and safety performance of nuclear power plant operators. *Personality and Individual Differences*, *55*(4), 433−439.

24) Bishop, S. R., Lau, M., Shapiro, S., Carlson, L., Anderson, N. D., Carmody, J., ... & Devins, G. (2004). Mindfulness: A proposed operational definition. *Clinical psychology: Science and practice*, *11*(3), 230.

25) Kohls, N., Sauer, S., & Walach, H. (2009). Facets of mindfulness-Results of an online study investigating the Freiburg mindfulness inventory. *Personality and Individual differences*, *46*(2), 224−230.

26) Griffin, M. A., & Neal, A. (2000). Perceptions of safety at work: a framework for linking safety climate to safety performance, knowledge, and motivation. *Journal of occupational health psychology*, *5*(3), 347.

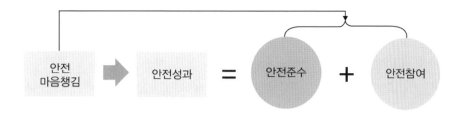

7.4 유럽 항공분야의 안전 마음챙김

근로자가 일상 활동에서 발생할 수 있는 위험을 인식한다는 것은 근로자가 자신을 둘러싼 대부분의 위험을 예측할 수 있다는 생각이 있기 때문이다. 이러한 위험을 잘 알 수 있는 방법에는 두 가지가 있다. 첫 번째는 사업장에 존재하는 다양한 위험을 인식하기 위한 목록을 만든다. 두 번째는 일상 업무 중 많은 구성원이 인식한 정보를 상하 좌우 다양한 계층의 사람들에게 제때에 공유한다. 이러한 관점에서 유럽 항공 분야가 추구하는 안전 마음챙김은 하향식, 상향식 및 수평적 정보 공유 프로세스를 통해 운영 근로자에게 정보를 제공하고 효과적인 프로세스를 제공하는 것이다.

유럽 위원회(EU Commision)의 항공 안전분야는 객실 안전 개선, 사고 위험 감소, 위험을 제어할 수 있는 프로세스와 기술 개선, 예상치 못한 상황에서 안전성과 향상 등에 대한 초점을 맞추는 프로그램을 연구하고 있다. 그동안의 안전관리는 전통적으로 기술적 오류와 인적오류에 초점을 맞춰왔다. 하지만 최근에는 새롭고 유망한 접근 방식인 조직적 맥락의 사회기술적 시스템을 기반으로 조직의 안전지능, 안전문화, 안전 마음챙김, 민첩한 대응 능력 그리고 안전성과 프로그램 등에 초점을 맞추고 있다.

7.5 안전 마음챙김 실행사례

(1) 미국에 있는 음식서비스업 종사자 428명에게 설문서를 접수하여 분석한 연구

안전 마음챙김은 음식 서비스 종사자의 위험인식이나 주의 수준을 높여 안전행동이 향상되었다.[27]

---

27) Betts, K. R., & Hinsz, V. B. (2015). Mindful attention and awareness predict self−reported food safety practices in the food service industry. *Current Psychology*, *34*, 191 − 206.

(2) 네덜란드에 있는 병원 간호사 580명에게 설문서를 접수하여 분석한 연구

병원에서 안전기준 준수는 중요함에도 불구하고 간호사는 다양한 업무 처리로 인해 안전기준을 준수하기 어렵다. 이런 상황에서 간호사를 대상으로 개인적 그리고 집단적 안전 마음챙김을 적용하고 설문서를 분석한 결과 간호사가 안전규정과 절차를 더 잘 준수하는 결과가 나왔다.[28]

(3) 소아병원 중환자실 병상간호사 205명에게 설문서를 접수하여 분석한 연구

이 연구는 안전 마음챙김이 의료 오류 예방과 의료 오류 보고촉진에 미치는 영향을 통제집단과 실험집단으로 구분하여 적용하였다. 병원에서 간호사가 범하는 오류로 인해 환자의 약 7% 정도가 심각한 부상을 입거나 사망에 이르는 것으로 알려져 있다. 이에 따라 실험집단에게는 2개월 동안 안전 마음챙김과 관련한 교육을 시행하였다. 연구 결과 실험집단의 오류보고는 25% 증가한 반면, 통제집단은 50% 감소했다.[29]

(4) 석유 유통 업계 142개 그룹 구성원 706명에게 설문서를 접수하여 분석한 연구

특성 마음챙김(Trait Mindfulness)은 안전준수와 안전참여와 관련이 있다. 그리고 안전 풍토는 특성 마음챙김을 통해 근로자의 안전준수 및 안전참여에 영향을 준다. 안전풍토 와 특성 마음챙김이 높을 때 안전행동이 증가한다.[30]

(5) 호주 골드코스트 작업장 근로자 92명에게 설문서를 접수하여 분석한 연구

안전한 행동은 물리적 작업 환경에 대한 만족도와 개인의 마음챙김과 긍정적인 상관 관계가 있었다. 물리적 작업 환경에는 환경 설계, 시설 배치, 작업 조직, 장비 및 도구 등 작업 환경 내의 다양한 요소를 포함한다. 안전 마음챙김은 좋은 물리적 작업 환경에 서 비롯되며 안전한 행동을 유도한다.[31]

28) Dierynck, B., Leroy, H., Savage, G. T., & Choi, E. (2017). The role of individual and collective mindfulness in promoting occupational safety in health care. *Medical care research and review*, *74*(1), 79−96.

29) Gunther, A. M. (2014). *Nurse mindfulness and preventing patient harm* (Doctoral dissertation, Walsh University).

30) Kao, K. Y., Thomas, C. L., Spitzmueller, C., & Huang, Y. H. (2021). Being present in enhancing safety: Examining the effects of workplace mindfulness, safety behaviors, and safety climate on safety outcomes. *Journal of Business and Psychology*, *36*, 1−15.

31) Klockner, K., & Thomas, M. (2013). Keeping my mind on the job: The role of mindf

(6) 중국 건설현장 근로자 498명에게 설문서를 접수하여 분석한 연구

이 연구는 마음챙김이 건설 근로자의 안전행동에 미치는 영향을 통합 모델로 개발하고 테스트(AMOS 활용)한 내용이다. 연구 결과, 주의 깊은 근로자가 더 높은 안전성과를 가질 가능성이 있음을 보여주었다. 마음챙김이 안전참여, 오류 및 위반에 영향을 주는 것으로 나타났다.[32]

(7) 중국 원자력발전소 근로자 136에게 설문서를 접수하여 분석한 연구

이 연구는 마음챙김이 근로자의 안전행동에 미치는 영향을 조사한 연구이다. 업무에 복잡함을 요구하는 제어실 근로자의 경우 마음챙김이 안전성과와 긍정적인 연관이 있었다. 이 연구에서는 마음챙김의 수준을 확인하기 위하여 FMI(Freiburg Mindfulness Inventory, 마음챙김을 측정하기 위한 유용하고 타당하며 신뢰할 수 있는 설문지로 14개 문항으로 구성됨) 설문지를 활용하였다.[33]

(8) 호주 건물 유지보수 근로자 145명에게 설문서를 접수하여 분석한 연구

이 연구는 마음챙김이 건물 수리와 관리 근로자의 안전성과에 미치는 영향을 조사한 연구이다. 근로자를 대상으로 마음챙김과 안전성과(LTIFR, Lost Time Injury Frequency Rate) 간의 상관관계를 확인한 결과 긍정적인 관계가 있었다. 업무의 복잡성으로 인해 예상하지 못한 위험을 발견하기 어려운 근로자에게 마음챙김을 적용한 결과 안전행동에 긍정적인 영향을 주었다. 마음챙김과 재해율 사이에서 음의 상관관계가 있음을 확인하였다.[34]

---

ulness in workplace safety. In *First International Conference on Mindfulness, Rome*. Retrieved from https://www. researchgate. net/publication/262725242_Keeping_My_Mind_on_the_Job _The_Role_of_Mindfulness_in_Workplace_Safety.

32) Liang, H., Shi, X., Yang, D., & Liu, K. (2022). Impact of mindfulness on construction workers' safety performance: The mediating roles of psychological contract and coping behaviors. *Safety science*, *146*, 105534.

33) Zhang, J., Ding, W., Li, Y., & Wu, C. (2013). Task complexity matters: The influence of trait mindfulness on task and safety performance of nuclear power plant operators. *Personality and Individual Differences*, *55*(4), 433－439.

34) Pilanawithana, N., Feng, Y., London, K., & Zhang, P. (2022, November). The Relationship between Mindfulness and Safety Performance of Building Repair and Maintenance: An Empirical Study in Australia. In *IOP Conference Series: Earth and Environmental Science* (Vol. 1101, No. 4, p. 042026). IOP Publishing.

(9) 캐나다 NB Power 근로자를 대상으로 안전 마음챙김을 적용한 사례

NB Power[35]는 사고를 줄이기 위해 구성원에게 마음챙김을 장려하였다. 일반적인 마음챙김 개념과는 조금 다른 NB Power만의 안전 마음챙김은 주변의 모든 것 특히 작업 환경 내에서 모든 것을 분별력 있게 인식하고 주의를 기울이도록 구성원에게 교육과 지원을 한 것이다. 다양한 업무 프로세스에 안전 마음챙김 개념을 적용하고 다양한 영역에 대한 지속적인 의사소통과 안전 마음챙김 세미나를 통해 안전의 중요성을 일깨웠다. 이에 따라 다양한 업무를 수행하는 구성원은 그들이 집중하는 것이 무엇이든 간에 해당 업무에서 주변 환경에 대한 관심과 주의를 기울여 잠재된 위험을 인식할 수 있었다. NB Power가 안전 마음챙김을 시행한 이래 3년 연속 역사상 최고의 안전 기록을 보유하게 되었다. 안전 마음챙김을 통해 의료 지원이 필요한 사고가 97% 감소하였고 재해를 입는 사고가 99% 감소했다. 그리고 산업재해 요율이 60% 이상 감소했다. 2016년 NB Power는 심리적 건강 안전 전략 부문 금메달 상과 안전문화 상을 수상하였고 캐나다에서 가장 안전한 사업장이라는 영예를 얻었다. NB Power는 안전 마음챙김을 적용하여 구성원이 안전에 대한 주의를 갖도록 강화하였다.[36]

(10) 싱가포르 공군이 적용한 안전 마음챙김 사례

가. 안전 마음챙김 STOP 프로그램

싱가포르 공군은 안전 마음챙김의 일환으로 STOP프로그램을 시행하였다. STOP은 Stop, Take a breath, Observe 및 Proceed의 영문 앞 글자를 조합한 것이다. S는 Stop으로 위험요인이 있거나 있을 것으로 예상될 경우 업무를 잠시 중단한다는 의미가 있다. T는 Take a breath로 위험요인에 대한 주의를 기울이기 위해 숨을 가다듬는다는 의미가 있다. O는 Observe로 위험요인을 주의 깊게 관찰한다는 의미가 있다. 그리고 P는 Proceed로 위험요인을 적절하게 개선하고 해당 작업을 속개한다는 의미가 있다.

STOP프로그램은 항공에 있어 승무원 자원관리인 CRM(Crew Resource Management)과 긴밀한 관계가 있다. 안전 마음챙김은 승무원 자원관리를 보다 효과적으로 운영하는

---

35) NB Power는 캐나다 뉴브런즈윅 정부에 의해 수직적으로 통합된 공기업으로서 전력 생산, 송전 및 배전을 한다.

36) The globe and mail. (2018) How mindfulness improved NB Power's safety record. Retrieved from: https://www.theglobeandmail.com/report−on−business/careers/ workplace−award/how−mindfulness−improved−nb−powers−safety−record/article 38239933/.

데 필수적인 프로그램이다. 안전 마음챙김은 매 순간 상황에 따른 변화를 인식하고 상황에 대한 평가를 통해 안전한 의사결정을 지원한다. 안전 마음챙김은 개인적인 수준에서 시행할 수도 있고 단체적인 수준에서도 시행할 수 있다.

나. 안전 마음챙김 지적확인 프로그램

싱가포르 공군은 안전 마음책임 지적확인(Deliberate Action Program, 이하 DAP)프로그램을 시행하였다. DAP는 근로자 스스로 오감을 활용하여 작업에 대한 위험요인을 확인하는 과정이다. 예를 들면, 근로자는 자신의 손을 들어 잠재된 위험이 있는 장소를 가리키면서 소리를 외치는 방식이다. 싱가포르 공군의 AELO(Air Engineering Logistics Organization, 항공공학물류조직)는 2020년 3월부터 DAP를 시행한 결과 상당한 안전행동이 증가되었지만 별도의 부가적인 작업부하는 증가되지 않았다.[37]

(11) 철도 근로자에게 적용한 안전 마음챙김 사례

개인적인 수준에서 안전 마음챙김 방법 중 지적확인 환호응답은 1960년 초 APOLLO 우주선 발사과정에서 미국 NASA의 전문가들이 결함을 사전에 체크하는 ZD(Zero Defects, 무결점) 운동을 시작한 것에서 비롯되었다. 이후 1960년대 말 일본 국철(JNR)에서 지적확인 환호응답(指摘確認 喚呼應答)이라는 명칭으로 적용되었다. 이 방법은 사람의 의식 수준을 높여 오류를 방지하는 데 목적이 있다. 지적확인은 사람의 오감을 활용하여 위험의 대상이 되는 물건이나 장소를 가리켜 주의를 기울이는 방식이다. 지적확인 환호응답을 통해 근로자는 자신의 눈이나 습관에만 의존하기보다는 주어진 작업의 각 단계를 물리적 그리고 청각적으로 의식 수준을 높이는 과정을 갖는다. 매년 약 120억명의 승객을 수송하는 광범위한 선로 네트워크와 초 단위로 측정되는 정시 운행 성능을 갖춘 일본 국철에서 지적확인 확인응답을 적용한 결과, 오류가 85% 이상 감소한 것으로 나타났다. 아래 그림은 지적확인 방법을 보여주는 그림이다.[38]

---

37) RSAF SAFETY. (2021). Enhancing Safety through Mindfulness. Retrieved from: URL: https://www.mindef.gov.sg/web/wcm/connect/rsaf/038029f7−551b−4fca−a7e5−f45fe5e0518d/FOCUS+107−Final.pdf?MOD=AJPERES.
38) 양준규, & 오태근. (2012). 지적 확인 환호응답 제도 개선에 관한 연구: 해외연구사례를 중심으로. *한국철도학회 학술발표대회논문집*, 1759−1764.

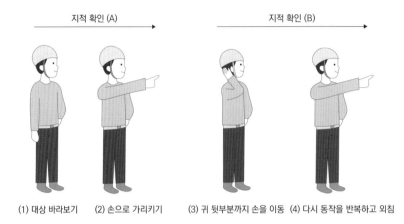

지적 확인 (A)　　　　　　　　　지적 확인 (B)

(1) 대상 바라보기　(2) 손으로 가리키기　(3) 귀 뒷부분까지 손을 이동　(4) 다시 동작을 반복하고 외침

(12) 미 해군 핵잠수함 USS 산타페 수병에게 적용한 안전 마음챙김 사례

미 해군 로스앤젤레스급 핵잠수함 USS 산타페 호에서 적용되었던 마음챙김 관련 사례이다. USS 산타페 호의 선장인 David Marquet[39]는 수병들에게 일반적인 교육시행과 잦은 감독보다는 그들이 주의를 기울일 수 있는 방안에 중점을 두었다. 이에 따라 승무원은 어떤 업무를 수행하기 전 먼저 멈추고, 생각하고 그리고 외쳐야 했다. 이러한 결과로 USS 산타페 잠수함은 지난 수년 동안의 다양한 오류와 실패를 딛고 미국에서 가장 효과 높은 평가 등급을 받았다. 산타페 잠수함에서 일어났던 긍정적인 일은 리더십 리부트(reboot) 전술을 통해 마음챙김의 특징을 수반하는 활동으로 이어졌다.[40],[41] 다음에 열거할 여섯 가지의 전술은 David가 주장하는 안전 마음챙김의 특성을 포함하는 내용이다.

---

39) L. David Marquet는 은퇴한 미 해군 대위로 Turn the Ship Around와 Leadership is Language의 베스트셀러 작가이다. 그리고 잠수함 USS Santa Fe의 함장이었다. 그는 "리더－리더" 리더십 모델을 사용하여 함대에서 최악의 잠수함을 가장 성공적인 잠수함으로 전환시켰다. 1999년에 잠수함의 선장이 되었고 은퇴한 이후로 잠수함은 계속해서 수상을 받았다. 그는 리더십 전문가로 일하고 있으며, Columbia University School of Professional Studies를 강의하고 있다.

40) Marquet, L. D. (2015). *Turn the ship around! A true story of building leaders by breaking the rules*. Penguin Books Limited.

41) L. 데이비드 마르케 저/박정은 역. (2021). 리더십 리부트, 시목.

가. 시간 통제(시간에 지배당하지 않기, Control the clock instead of obeying the clock)

- 시간 통제는 Redwork[42]을 종료하고 Bluework[43]로 전환하는 시점이다.
- 시간을 통제하는 것은 일시 중지의 힘에 관한 것이다.
- 시간을 따르기 보다 시간을 통제하고, 신중하게 행동하며, 시야를 넓힌다.
- 시간을 통제하면 협력할 수 있다.
- 시간 통제 방법에는 중단시간을 최대한 마련(make a pause possible), 중단요청 신호 만들기(give the pause a name), 팀원들의 중단요청을 민감하게 알아 차림(call a pause) 그리고 다음 중단시간 미리 계획(pre-plan the pause) 하는 등이 있다.

나. 팀원들과 협력(강요하는 것이 아닌, Collaborate instead of coercing)

- 협력은 시간을 통제한 후 시작된다.
- 협력을 위해서는 행위자가 결정자가 되어야 한다.
- 공동 작업을 위해서는 아이디어를 공유한다.
- 다른 사람의 아이디어를 존중해야 하며 "무엇" 및 "어떻게"와 같은 질문을 한다.
- 협력은 우리가 묻는 질문을 통해 이루어진다.
- 강압은 영향력, 권력, 지위를 활용한 잘못된 방식이다
- 강압은 말을 더 많이 해서 사람을 내 사고방식에 끌어들이는 것이다.
- 협력의 목적은 우리의 관점을 넓히고 변동성을 수용하는 것이다.
- 협력은 그룹의 집단적 지식과 생각 및 아이디어를 가시화하는 것이다.

협력방법에는 투표부터 한 후 논의, 납득시키려 하지 않고 궁금증 유발, 합의를 이끌기 보다는 반대의견 유도 그리고 지시가 아닌 정보 제공 등이 있다.

다. 일에 대한 전념(일을 적용하는 것을 넘어서, Commitment rather than compliance)

- 일에 대한 전념은 내재적 동기를 부여하고 참여를 일으킨다.
- 산업시대에 적용되었던 맹목적 준수는 단순하고 물리적이며 반복적인 개인 작업에는 효과가 있었지만, 현대의 복잡하고 인지적인 고객과 팀 작업에는 효과가 없다.
- Redwork의 팀이 Redwork에 머무르는 경향이 있다.

---

42) Red work의 범주에는 변동성 회피, 되풀이됨, 육체적, 개인적, 순응적, 간단한, 좁은 관점, 가파른 위계질서 등이 있다.
43) Blue work의 범주에는 변동성 수용, 되풀이되지 않음, 인지적, 팀 단위, 창의적, 복잡한, 넓은 관점, 평평한 위계질서 등이 있다.

- Bluework의 팀은 Bluework에 머무르는 경향이 있다.
- 우리는 과거의 결정에 집착하고 실패하는 행동에 계속 투자하는 경향이 있다.

전념하는 방법에는 실행이나 학습에 전념, 믿음이 아닌 행동에 전념 그리고 조금씩 나누어 완수 등이 있다.

라. 업무 완료(일을 지속하는 것이 아닌, Complete defined goals instead of continuing work indefinitely)
- 완료는 Redwork의 끝을 의미하며, 우리가 Bluework로 돌아간다는 신호이다.
- Bluework의 협업에 이르기 전에, 우리는 휴식을 취하고 축하해야 한다.
- 완료는 진보와 성취감이다.

업무 완료는 초기에는 자주 완료하고 나중에는 적게 완료한다. 축하해주는 게 아닌 축하를 나눈다. 특성이 아닌 행동에 초점을 두고 목적지가 아닌 여정에 초점을 두어야 한다.

마. 일을 완료한 후 개선(일을 증명하는 것이 아닌, Improve outcomes rather than prove ability)
- 개선은 과거 행동에 대한 검토를 통한 반성적 사고에서 비롯된다.
- 개선을 위해서는 팀원 모두의 열린 마음과 호기심이 필요하다.
- 개선을 위해서는 마음의 긴장을 풀고 시간의 압박/스트레스를 제거해야 한다.
- 계획된 Redwork 후 또는 프로세스의 중대한 오류가 발생한 후 개선 활동을 한다.
- 단지 좋다는 말은 "나는 아무 잘못도 하지 않았다", "다음에도 똑같이 할 것이다", "우리는 항상 그렇게 해왔다"와 같이 들린다.
- 하지만 "더 나아지다"라는 말은 "이것에 대해 더 말해줘", "어떻게 다르게 볼 수 있을까", "어떻게 더 잘할 수 있었을까"와 같이 들린다.
- "좋은"이라는 말 대신 "더 나아지는" 말을 채택하도록 동기를 부여한다.

개선 방법은 과거가 아닌 미래에, 내부가 아닌 외부에, 사람이 아닌 과정에 그리고 실수를 피하는 것이 아닌 탁월해져야 한다.

바. 연결로 리부트의 속도 증가(순응 대신, Connect with people instead of conforming to your role)

- 연결은 두려움을 떨칠 수 있는 해결 방안이다.
- 연결은 생각의 다양성과 의견의 다양성을 장려하는 문화적 조건을 만든다.
- 연결은 사람들의 생각, 느낌 그리고 개인적인 목표를 공유하는 것이다.
- 연결은 Redwork – Bluework – Redwork 주기를 넘어선 활동이다.

연결을 위해 권력 기울기를 평평하게 하기, 모든 사실 인정하기, 취약한 모습 드러내기 그리고 먼저 믿는 것이 필요하다.

8. 안전 마음챙김 모델

Shapiro 등(2016)이 제안하고 있는 일반적인 마음챙김 모델은 의도(Intention), 주의(Attention) 및 태도(Attitude)로 구성되며 순간순간 상호보완적으로 작동된다. Zihan Liu 등(2023)은 안전 마음챙김의 구성요소를 내부 및 외부 자극에 대한 인식 향상, 현재 상황에 대한 지속적인 관심 및 경험에 대한 개방적이고 수용적인 태도로 구성하였다. Zihan Liu 등(2023)이 제안한 안전 마음챙김 모델을 Shapiro 등(2016)이 제안한 일반적인 마음챙김 모델과 비교해 보면 상당부분 유사한 부분이 있다. 다음 표는 Shapiro 등(2016)이 제안한 일반적인 마음챙김 모델의 요소와 Zihan Liu 등(2023)이 제안한 안전 마음챙김 모델의 요소를 비교한 내용이다. 안전 마음챙김 모델을 설정 시 다음 표를 참조한다.

구분	Shapiro 등(2016)	Zihan Liu 등(2023)
마음챙김 모델 요소	의도(Intention)	내부 및 외부 자극에 대한 인식 향상
	주의(Attention)	현재 상황에 대한 지속적인 관심
	태도(Attitude)	경험에 대한 개방적이고 수용적인 태도

Ⅱ 회사차원의 안전 마음챙김 체계 마련

1. 경영층의 리더십

회사차원의 안전 마음챙김을 적용하기 위해서는 경영층의 리더십이 필수 요소이다. 경영층은 근로자의 위험인식 수준 향상을 통한 사고예방을 위하여 안전 마음챙김 체계를 회사나 조직의 안전관리 활동에 비중을 두어 수립해야 한다. 그리고 근로자가 안전 마음챙김에 적극적으로 참여할 수 있도록 시간과 자원을 제공해야 한다. 또한 안전 마음챙김에 참여하는 사람들의 행동이 긍정적으로 강화될 수 있도록 적절한 보상을 제공해야 한다.

근로자는 작업장의 유해 위험요인을 가장 잘 알고 있으므로 그들에게 해당 위험을 자유롭게 보고할 수 있는 분위기를 조성해야 한다. 분위기 조성 방안에는 부상, 질병, 사건, 사고 그리고 위험을 비난이나 어떠한 책임 추궁 없이 자유롭게 보고할 수 있는 체계를 구축하는 것이다. 또한 근로자가 쉽게 안전보건 관련 정보를 접할 수 있는 방안을 마련한다. 이러한 정보에는 보호구 장비 제조업체의 안전 권장 사항, 작업장 안전 검사 보고서, 사고 조사 보고서, 작업장 위험성평가 결과, 안전교육 현황, 정부의 안전보건 관련 점검 결과와 조치 현황 그리고 안전보건 투자현황 등이 있다.

안전 마음챙김을 효과적으로 운영하기 위해서는 근로자의 요청사항은 항상 중요한 우선순위로 고려되어 적절하게 개선되고 있다는 믿음의 분위기를 조성해야 한다. 근로자의 자발적인 참여를 막는 장벽을 제거하기 위한 방법에는 근로자의 요청사항에 대한 정기적인 피드백 제공, 근로자의 참여를 촉진하는 보상제도 운영 그리고 자유로운 의견개진과 관련한 보복성 조치가 없다는 정책 등을 수립하는 것이다.

2. 안전 마음챙김 소위원회 구축 및 운영

안전보건과 관련한 업무는 회사 전 분야에 걸쳐 복잡하고 유기적으로 연결되어 있으며, 중요한 의사결정이 상시 필요하다. 따라서 경영층이 있는 본사에 산업안전보건법 제24조에 따라 노사가 참여하는 산업안전보건위원회 설치와는 관계없이 경영층이 위원장이 되고 인사, 법무, 재무, 품질, 영업, 기획부서 등의 경영진으로 구성된 전사 안전보건위원회를 조직하고 운영하는 것이 필요하다.

효과적인 안전보건위원회를 구축하고 운영하기 위해서는 위원회 헌장(charter)을 마련하여 참여자의 권한과 책임을 구분한다. 헌장은 위원회가 존재하는 이유를 설명하는 문서이며, 조직 변경에 따라 수정될 수 있다. 아래 표는 효과적인 전사 안전보건위원회 운영과 관련한 요구조건이다.

- 위원회의 목적을 명확히 정의한다.
- 위원회의 책임과 권한을 정의한다.
- 위원회 운영의 성과를 측정한다.
- 위원회에 참석하는 위원을 선정한다.
- 위원회 참석 위원의 리더십 행동을 결정한다.
- 위원회를 언제까지 운영할지 결정한다.
- 위원회 회합 시기, 장소 그리고 주를 정한다.
- 위원회 운영 예산을 책정한다.
- 위원회에 어떤 자원과 전문 지식이 필요할지 결정한다.
- 위원회의 의결사항을 경영진과 근로자에게 효과적으로 알린다.

아래 표는 안전보건위원회 헌장(charter) 예시이다.

OOO 안전보건위원회 헌장

- 안전보건위원회 이름:
- 회의일자:
- 문제서술: 개선 기회와 문제 설명
- 안전보건 위원회의 목표: 위원회가 추구하는 목표를 설명
- 배경: 어떤 일이 일어났는지 설명
- 범위: 위원회가 해결해야 할 범위 설명
- 위촉기간:
- 프로세스 소유자:
- 지원자:
- 팀 리더:
- 간사:
- 회의록 작성자:
- 위원명단:
- 자료:
- 위원회 서약:
  우리는 안전보건위원회의 헌장을 읽고 이해한다.
  우리는 우리의 역할과 책임을 이해하고 취해야 할 조치에 대하여 합의한다.
  위원회 헌장에 대한 수정이 필요할 경우, 수정 내용을 검토하여 합의한다.

(안전보건위원회 구성원의 서명)

전사 안전보건위원회를 실무적으로 지원하기 위해서는 안전보건소위원회를 구성하여 운영한다. 주요 소위원회의 종류에는 홍보, 안전 검사, 작업 위험 분석, 후속 조치, 교육과 훈련, 규칙과 절차, 임시위원회 등이 있다. 여기에 안전 마음챙김을 운영할 소위원회를 추가하여 운영한다. 아래 그림은 전사 안전보건위원회 산하에 안전 마음챙김 소위원회을 두는 예시이다.

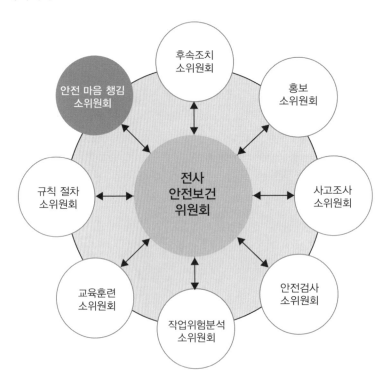

안전 마음챙김 소위원회는 전사 차원의 안전 마음챙김의 체계 구축과 운영 등 전체적인 업무를 수행하는 조직이다. 안전 마음챙김 소위원회의 장은 가급적 생산이나 제조를 담당하는 사업부문의 장으로 임명하는 것이 좋다. 그 이유는 안전 마음챙김을 시행하는 근로자는 생산이나 제조와 관련된 구성원이기 때문이다. 그리고 안전 마음챙김 소위회 조직에 재무, 인사 그리고 법무 등을 관장하는 책임자를 포함하는 것이 중요하다. 그 이유는 안전 마음챙김과 관련한 재정적 지원과 인력 차원의 지원 등이 필요하기 때문이다.

3. 안전보건경영시스템에 고신뢰조직(HRO) 특성 반영

3.1 고신뢰조직(HRO)

고신뢰조직(HRO)은 조직에서 치명적인 결과를 초래할 가능성을 수만번 이상 예방하는 특징이 있다. 복잡하고 위험이 높은 환경에서 절차상 오류를 줄이고 높은 수준의 성과를 달성하는 조직이다. 조직은 잠재적이고 치명적인 오류를 예측하는 시스템을 갖춘 조직이다. 복잡하고 어려운 환경이지만 신뢰성이 높은 조직은 예상치 못한 상황을 관리하는 방법을 알아 예상보다 적은 문제를 경험한다(Robers and Rousseau, 1989; Rochlin, 1993; Weick and Sutcliffe, 2015).

Yale 대학교 사회학자인 Charles Perrow는 1980년대 초 Normal Accidents: Living with High Risk Technologies(1984)라는 책에서 산업이 갖는 복잡성(complexity)과 상호의존성(tightly coupled)으로 인해 모든 조직에서 사고가 발생한다고 주장하였다. 이러한 그의 주장은 다양한 학계에 확산되어 정상사고 이론(NAT, Normal Accident Theory)으로 통용되었다. 그의 주장은 모든 조직에서 사고가 발생하지만 원자력 발전소, 화학공장 및 항공 등의 조직은 높은 신뢰성과 적응력으로 인해 사고를 예방하고 있다고 하였다.[44]

1980년대 중반, 캘리포니아(버클리) 대학의 연구 그룹(Karlene Roberts 박사, Todd La Porte 및 Gene Rochlin)은 매우 안정적으로 운영되는 것처럼 보이는 조직(고신뢰조직, High Reliability Organization, 이하 HRO)을 대상으로 연구를 시행하였다.[45] 연구 대상은 조직에서 인적오류로 인해 치명적인 결과를 초래할 수 있는 연방 항공국의 항공교통관제센터, 상업 원자력 발전소 및 미 해군 항공모함 등이다.[46],[47] 이 연구 결과 아래 여섯 가지 관심 영역을 선정하였다.

---

44) Perrow, C. (1999). *Normal accidents: Living with high risk technologies.* Princeton university press.

45) 당시 미시간 대학교의 Dr. Karl Weick 및 동료는 유사한 문제를 다뤘다. 그들은 오류가 심각한 결과를 초래할 수 있는 조직에서 성공을 추구하는 것에 관심을 가졌다.

46) The Air Traffic Control System (Federal Aviation Administration), Electric Operations and Power Generation Departments (Pacific Gas and Electric Company) and the peacetime flight operations of the US Navy's Carrier Group 3 and its two nuclear aircraft carriers USS Enterprise (CVN 65) and USS Carl Vinson (CVN 70).

47) Aase, K., & Tjensvoll, T. Learning In High Reliability Organizations (HROs): Trial Without Error.

- **HRO의 진화**

  HRO가 어떻게 나오게 되었는가? 뛰어난 운영 신뢰성을 이끌어내는 논리는 어떻게 만들어질 수 있는가?

- **구조적 패턴과 상호의존성 관리**

  조직의 모든 수준에서 조직을 조정하기 위한 공식적인 규칙 식별

- **HRO에서의 의사결정 역학**

  조직이 일상적인 운영과 비정상적인 조건 또는 예상치 못한 상황에서 균형을 유지하는 방법과 조직 전체에서 두 조건을 유지할 수 있는 방안

- **HRO에서의 조직문화**

  조직적 차원의 성과 달성을 위한 기준 제시

- **고위험 시스템에 대한 신기술 홍보**

  - 정보 기술의 활용이 조직에 미치는 영향 파악
  - 신기술의 채택은 항상 안전에 도움이 되는가?
  - 신 기술 적용으로 인해 기존의 신뢰성과 안전 관행이 무시될 가능성이 있는가?

- **신뢰할 수 있는 조직시스템 구축**

  전술한 다섯 가지 영역을 포함하여 신뢰할 수 있는 조직시스템을 구축한다. 조직의 신뢰성을 높이기 위하여 기술의 복잡성을 줄이면서 자원(사회적, 기술적, 인적)을 활용할 수 있는 조직시스템을 운영한다.

연구결과를 통해 Berkeley 캘리포니아 대학 연구 그룹은 HRO가 있는 조직의 특성을 아래와 같이 도출하였다.[48]

- 항공모함은 인도주의적 임무 수행, 수색, 구조 및 야간 비행 작전 훈련 수행 등 기능에 따라 업무가 구분된다. 이들은 어떤 업무를 수행하던 지속적으로 스스로를 재창조하면서 위험을 분석하고 개선하고 있다.
- HRO가 있는 조직의 특성은 어떤 결정을 할 때 낮은 직급의 구성원 의견을 반영한다. 즉, 미 해군 함정에서는 탑승한 수병들이 어느 정도의 결정을 스스로 할 수 있다.
- 조직의 시스템은 체계적 작동하고 잠재된 위험을 완화한다. 미 해군 전투 그룹은 구

---

48) Bourrier, M. (2011). The legacy of the high reliability organization project. *Journal of contingencies and crisis management*, *19*(1), 9－13.

성원이 협력하여 공개적인 의사 소통을 한다. 그리고 계급 차이를 줄이고 원활한 정
보를 공유한다.

- 조직은 그들이 하는 모든 일로부터 배우기 위해 최선을 다한다.
- 전술한 조직은 근로자의 정직한 실수를 처벌하지 않는다.

HRO를 연구하는 학자들은 다양한 연구에서 HRO의 몇 가지 주요 특성을 확인했다.
그 특성에는 조직적 요소(organizational factors), 관리적 요소(managerial factors) 및 적
응 요소(adaptive factors)가 있음을 파악하였다. HRO는 자신이 모르는 것을 알고자 적
극적으로 노력한다. 그리고 조직의 모든 사람이 문제와 관련된 적절한 지식을 사용할
수 있도록 시스템을 설계하고 빠르고 효과적으로 학습하는 것을 추구한다. 또한 조직의
자만심을 적극적으로 피하고 구성원이 안전한 행동할 수 있도록 권한을 부여하고 중복
시스템을 설계하여 문제를 조기에 발견하는 것을 추구한다. HRO가 추구하는 방향은 조
직과 하위 시스템이 실패할 것을 예상하고 실패의 영향을 최소화한다. 그리고 불가피한
상황에 대비하면서 실패를 피하기 위해 매우 열심히 노력하는 것이다. 미국에서 HRO가
있는 조직은 아래 표에 열거된 곳과 같다(Casler, 2013).

a. Elements of U.S. Navy Carrier Group Three, including the aircraft carriers, Enterprise (CVN 65) and Carl Vinson (CVN 70) (Rochlin et al. 1987; Roberts 1990; LaPorte and Consolini 1991; Rochlin 1996)
b. Elements of the Federal Aviation Administration's air traffic control system, specifically the Oakland Enroute Air Traffic Control Center and Bay Traffic Radar Approach Control (TRACON) (Roberts 1990; LaPorte and Consolini 1991; Rochlin 1996)
c. Pacific Gas and Electric (PG and E) Company's Diablo Canyon nuclear power plant and departments responsible for grid management (Roberts 1990; LaPorte and Consolini 1991; Rochlin 1996)
d. Two American nuclear power plants (Bourrier 1996)
e. The Incident Command System (ICS) of a large county fire department in California (Bigley and Roberts 2001)
f. Los Angeles class fast attack nuclear submarines (Bierly et al. 2008) g. California Independent System Operator (CAISO) (Roe and Schulman 2008)

미국 NASA가 제안하는 HRO 특성 평가 요소는 다음 열 가지가 있다.[49]

1. 외부환경에 대한 개방성(Openness to external environment)
2. 목표의 단순성(Simplicity of objectives)
3. 사회적 성과 요구(Societal performance demands)
4. 위험 수준(Degree of risk)
5. 프로세스의 복잡성(Process complexity)
6. 조직의 중복성(Organizational redundancy)
7. 운영통제(Operational control)
8. 직업적 다양성(Professional diversity)
9. 조직 학습(Organizational learning)
10. 조직적인 마음챙김(Organizational mindfulness)

항공 교통관제, 상업 항공, 원자력 발전, 항공모함 운영 등에 적용된 HRO 이론의 핵심 구성 요소는 주의를 기울이는 마음챙김 조직(MO, mindful organization)이다. HRO 관련 문헌에서 마음챙김이라는 용어는 Weick,[50] Sutcliffe, 그리고 Obstfeld에 의해 1999년에 최초로 사용되었고 HRO의 특성은 집단적 마음챙김(collective mindfulness)을 포함한다는 이론이 만들어졌다. Weick의 마음챙김 개념은 그룹 수준과 조직적 맥락에서 HRO 속성을 설명하는 데 도움이 되며 Langer의 마음챙김 개념과 유사하다.

3.2. 고신뢰조직(HRO)의 다섯 가지 특성 반영

안전보건경영시스템에 HRO 특성인 실패에서 배움, 단순화된 해석 회피, 운영에 대한 민감도 제고, 전문성에 대한 존중 및 안전탄력성 등 다섯 가지 특성을 반영한다. 그리고 HRO 특성을 기반으로 안전 마음챙김을 적용한다면 구성원이 위험인식을 잘 할 가능성

---

49) NASA (2012). The NASA organization(NASA Policy Directive 1000.3D with change 31).

50) Weick(Karl Edward Weick)은 1936년 10월 31일 인디애나 주 바르샤바에서 태어났다. 그는 1958년 오하이오 주 스프링필드에 있는 위텐버그 대학에서 학사 학위를 받았다. 그는 1960년에 오하이오 주립대학교에서 Harold B. Pepinsky의 지도하에 석사학위를 취득하고 박사학위를 취득했다. 그는 1962년 조직 심리학이라는 학위 프로그램을 만들었다. 조직 연구에 "느슨한 결합(loose coupling)", "마음챙김(mindfulness)" 및 "센스메이킹(sensemaking)"의 개념을 도입한 미국의 조직 이론가이다.

이 크다. 그리고 역동적이고 불확실한 상황에서 구성원의 주의 깊은 행동은 예상치 못한 위험을 인식하도록 지원할 것이다.[51],[52],[53],[54],[55]

(1) 실패에서 배움(A preoccupation with failure)

실패에서 배운다는 것은 조직이 실패를 예방하기 위해 잠재적인 요인을 찾는데 노력하는 것을 의미한다. 실패에서 배움은 취약점에 대한 사전 예방적 분석이나 아차사고 사례 등을 배움의 대상으로 간주하는 주의의 발현이다. 실패를 감지하여 긍정적인 관심을 키우는 것은 인식과 의사소통을 촉진하는 것으로 때로는 눈에 보이지 않지만 의심되는 오류까지 긍정적으로 찾아내고 개선하여 강화한다. 실패에서 배우는 사람은 무엇이 올바르게 이루어져야 하는지, 무엇이 잘못될 수 있는지, 어떻게 잘못될 수 있는지 그리고 무엇이 잘못되었는지 파악하는 데 세심한 주의를 기울인다는 것을 의미한다. 이러한 주의는 누구도 관심을 갖지 않는 아쉬운 실패를 찾고자 하는 노력이며 잘하고 있다는 믿음이나 성과로 인해 나타날 수 있는 오만함을 피하려는 노력이다. 회사는 기획, 인력, 재무, 법무, 생산, 품질 및 안전관련 등의 부서들이 실패에서 배울 수 있는 풍토를 조성해야 한다.

- 크고 작은 모든 이상 현상 평가
- 모든 오류를 시스템 문제로 인식
- 작은 오류가 특정 순간 동시에 발생하면 심각한 결과를 초래할 수 있다는 경계
- 오류나 아차사고 보고 장려
- 안일함을 줄이고 자동화를 믿는 마음가짐을 경계
- 배움에 전념

51) Sutcliffe, K. M. (2011). High reliability organizations (HROs). *Best practice & Research clinical anaesthesiology, 25*(2), 133−144.
52) Sutcliffe, W. (2006). *Managing the unexpected: Assuring high performance in an age of complexity.* John Wiley & Sons.
53) Bogue, B. (2009). How principles of high reliability organizations relate to corrections. *Fed. Probation, 73*, 22.
54) Muhren, W. J., Van Den Eede, G., & de Walle, B. V. (2007). Organizational learning for the incident management process: Lessons from high reliability organizations.
55) Casler, J. G. (2014). Revisiting NASA as a high reliability organization. *Public Organization Review, 14*, 229−244.

(2) 단순화된 해석 회피(A reluctance to simplify interpretations)

사람은 본질적으로 목표 지향적이므로 성취하고자 하는 것(목표)에 더 집중하는 특성이 있다. 따라서 사람은 자신이 기대한 사항이나 보고 싶어하는 것만 보는 경향이 있다. 사람은 자신만의 마음을 갖고 있으며 그 마음을 기반으로 질서를 유지하여 정신모델(mental model)을 만든다. 사람은 한번 만들어진 자신의 정신모델을 근간으로 외부의 모든 것을 경시하는 경향이 있다. 이로 인해 자신의 정신모델에 맞지 않는 정보를 보기 어렵다. 결과적으로 사람들은 예상하지 못한 조건과 환경을 놓치는 경향이 있다. 또한 사람은 자신의 입장에서 조건과 상황을 기대하기 때문에 실제 존재하지 않는 것을 보는 경향이 있다. 사람은 어떠한 목표를 달성하는 과정에서 잠재된 위험을 숨기는 경향이 있어 위험을 올바르게 보려고 하지 않는 경향이 있다.

사람은 일반적으로 직면한 상황을 단순화하여 복잡한 작업을 처리하는 데 익숙하다. 단순화된 해석에는 조직이나 시스템이 구식의 관행을 버리지 못하고 유지하는 상황을 포함한다. 단순화된 해석을 회피한다는 것은 조직이 갖고 있는 기존의 지식이나 경험에 의문을 제기하는 것이다. 그리고 해당 업무에 대한 더 많은 주의를 기울이고 주어진 상황에 대해 더 많은 해석을 바꾸고 더 다양한 아이디어를 생각하는 것이다. 단순화된 해석을 회피하고자 한다면 조직의 시스템은 구성원이 단순화하려는 경향에 경계심을 가질 수 있게 지원하는 것이다.

- 업무를 보다 온전하게 만들기 위한 신중한 조치를 취한다.
- 업무를 덜 단순화하게 바꾸고 더 많이 검토할 시간을 배려한다.
- 구성원의 업무는 복잡하고 불안정하며 알 수 없고 예측하기 어렵다.
- 사고조사 방식을 시스템적 사고조사 방식(FRAM, STAMP, AcciMap)으로 전환한다.

단순화된 해석을 회피한다는 것은 어떤 것도 당연하게 여기지 않는다는 마음챙김의 의미가 담겨있다. 회사는 단순화된 해석을 회피하기 위하여 기획, 인력, 재무, 법무, 생산, 품질 및 안전관련 등의 부서에 다양한 경험을 가진 사람, 서로의 의견을 건강하게 논쟁하는 사람, 다양성을 갖춘 인재를 요소에 배치한다. 그리고 서로 다른 경험을 가진 팀이나 그룹을 적절하게 배치하고 지원해야 한다.

(3) 운영에 대한 민감도 제고(A sensitivity to operations)

운영에 대한 민감도를 제고한다는 것은 실시간 정보를 기반으로 지속적인 관심을 통해 현재 상황을 통합하고 입체적인 그림을 만들어 적절히 대응하는 것을 의미한다. 회사의 운영 시스템이 일어나고 있는 일에 민감하다면 여러 가지 작은 조정을 통해 작은 문제가 커지거나 복잡해지는 것을 방지할 수 있다. 여기에서 작은 조정은 오류가 겹쳐 더 큰 위기로 커지는 것을 막을 수 있는 것을 의미한다.

여기에서 작은 조정은 스위스치즈 모델의 여러 조각으로 표현할 수 있다. 스위스치즈 모델은 잠재실패(latent failure) 모델이며 Man-made disasters model에서 진화하였다. 그리고 조직사고(organizational accidents)를 일으키는 기여요인을 찾기 위한 목적으로 개발되었다. 이 모델은 운영에 대한 민감도를 설명하는데 유용하다.[56] 스위스 치즈 모델은 운영에 대한 민감도 수준을 높이기 위해 사용할 수 있는 좋은 모델이지만 세부적인 지침이 없고 이론에 치중된 면이 있다. 이러한 배경에서 인적오류를 일으키는 기여요인을 구체적으로 확인할 수 있는 인적요인분석 및 분류시스템(HFACS) 체계가 2000년도 초반에 개발되었다.[57] 회사는 기획, 인력, 재무, 법무, 생산, 품질 및 안전관련 등의 부서들이 운영에 대한 민감도를 제고할 수 있는 풍토를 조성하고 지원해야 한다.

(4) 전문성에 대한 존중(Deference to Expertise)

사업장에서 사고가 발생하여 문제가 구체화되기 시작할 때 일반적으로 회사의 경영층이 해당 사안에 대한 책임을 갖고 의사결정을 하는 일이 일반적이다. 하지만 해당 분야에 대한 전문성이 떨어지는 경영층은 문제를 해결할 적절한 경험이 없는 경우가 많다. 사업장 실무 책임자는 사고에 대한 원인규명과 분석을 통해 적절한 대응 방향을 경영층에게 보고하지만, 경영층은 사고의 실질성, 파급성, 효과성 및 적시성 및 재무적 투자 결정 등의 다양한 고려 사항으로 인해 올바르고 빠른 판단을 하기 어려운 경우가 많다. 그 결과 적시에 좋은 경험에서 우러나오는 빠른 판단과 대응이 이루어지지 않아 대형사고로 이어지는 경우가 있다. 이런 사유로 사업장에서 예상치 못한 문제가 발생할 때 직급에 관계없이 가장 전문적인 지식을 갖춘 사람들이 최전선에서 결정을 내리는 것이 중요하다. 전문적인 지식을 갖춘 사람이 좋은 결정을 내리기 위해서는 아래와 같은 좋은 풍토가 존재해야 한다.

---

56) Reason, J., Hollnagel, E., & Paries, J. (2006). Revisiting the Swiss cheese model of accidents.Journal of Clinical Engineering,27(4), 110-115.
57) Yang, J., & Kwon, Y. (2022). "Human factor analysis and classification system for the oil, gas, and process industry", Process Safety Progress, pp. 1-9.

- 정상적인 운영 중의 다양한 결정은 위에서 내려온다.
- 시간이 촉박하고 비정상적인 상황에서는 결정이 이리저리 옮겨 다닌다. 따라서 최전선에서 결정을 하고 직급에 관계없이 가장 전문성을 갖춘 사람이 권한을 갖는다.
- 전문 지식으로 이동하는 의사 결정 패턴은 항공모함의 비행 작전에서 찾을 수 있다. 정확한 의사 결정의 필요성과 결합되어 전문가를 찾아 조직 전체의 의사결정이 이루어진다.
- 위험한 상황에서는 사전 정의된 비상대응 기준에 따라 결정이 내려진다. 조직 구성원이 하나의 관리 모드에서 다른 관리 모드로 전환해야 하는 시기는 모든 구성원이 잘 인식하고 있어야 한다.

회사는 기획, 인력, 재무, 법무, 생산, 품질 및 안전관련 등의 부서들이 전문성에 대한 존중 풍토를 조성하고 지원해야 한다.

(5) 안전탄력성(Commitment to Resilience)

안전 탄력성은 오류를 줄이기 위해 다양한 방안을 마련하고 적용하는 특징을 갖고 있다. 여기에서 중요한 사실은 안전 탄력성이 오류를 완벽하게 없애지는 못하지만 오류로 인한 부정적인 영향을 낮추고 활성화하지 않도록 한다는 것이다. 그리고 오류를 사전에 확인하기 위해서 전문가, 깊은 경험, 특별한 기술 및 교육을 받은 사람을 중요하게 생각한다. 또한 비상상황 시 전문가가 신속하게 모여 문제를 해결한 후 해체하는 유연하고 비공식적인 임시 그룹을 사용한다. 그리고 최악의 상황을 시뮬레이션하고 자체적으로 훈련을 한다.

4. 안전 마음챙김 풍토조성과 실행 방안

회사의 안전보건경영시스템에 HRO의 다섯 가지 특성(5원칙)을 반영하여 안전 마음챙김 풍토를 조성할 수 있고 안전문화와 HRO 문화 수준을 개선할 수 있다. 이에 따른 안전 마음챙김 시행으로 위험인식 기술 개선, 상황적 인식(Situational Awareness) 개선, SAFE 절차 시행, Group Safety Talks시행, Self-Safety Talks시행, 심호흡, 작업 중지 및 개선 등으로 사고를 예방할 수 있다. 이에 대한 내용을 아래 그림과 같이 설명한다.

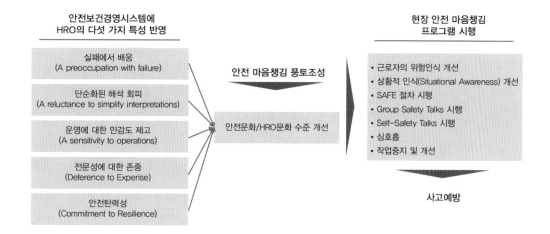

 안전 마음챙김 시행 준비

1. 안전 마음챙김을 위한 위험인식 수준 향상

1.1 위험과 위험인식

안전 마음챙김의 성패는 사업장에 존재하는 위험을 어떻게 인식할 것인가에 달려있다. 즉, 위험인식은 안전 마음챙김이고 안전 마음챙김은 위험인식이라고 볼 수 있다. 위험(hazard)은 부상과 건강 악화를 유발할 가능성이 있는 요인으로 위험의 잠재적 근원, 위험요인 및 유해 위험요인 등으로 정의할 수 있다. 인식(認識)은 대상을 아는 일이다. 인식은 인간이 하는 행동에서 시작되며 감각적 기관에 의해 직접적, 개별적 그리고 구체적인 감성으로 형성된다.

감성적 인식은 사물의 본성을 파악한 것이 아니라 피상을 포착하는 것이다. 인간은 이 감성적 인식을 바탕으로 행동을 거듭하면서 잘못된 것은 수정하고 다른 사물과 구별하면서 개념·판단·추리를 통해 이성적 인식을 얻는다.[58] 위험인식(hazard recognition)은 전술한 위험(hazard)과 인식의 정의를 기반으로 불안전한 상태나 행동으로 인하여 재해를 입을 수 있다는 사실을 사람이 분별하고 판단하여 아는 일이다.[59]

---

58) 위키백과의 정의.
59) Bahn, S. (2013): Workplace hazard identification and management: The case of an

1.2 위험인식의 중요성

근로자의 불안전한 행동이 사고 발생의 주요 기여 요인이라고 알려져 있다. 연구에 따르면 근로자가 고의로 불안전한 행동을 하는 경우보다는 위험인식 수준이 낮기 때문에 불안전한 행동을 하는 경우가 많다고 알려져 있다. 따라서 불안전한 행동을 줄이기 위해서는 근로자의 위험인식 수준을 높이는 것이 중요하다.[60]

작업현장은 환경이 수시로 변하고 제한된 시간에 공사나 작업을 마쳐야 하는 등의 여러 조건이 존재하므로 근로자의 위험인식은 사고 예방에 있어 무엇보다 중요하다. 이러한 사실을 뒷받침해 주는 연구에 따르면 건설 현장 사고의 약 42%는 근로자의 위험인식 부족에서 발생한다. 호주에 있는 건설 현장에서 발생한 사고를 분석한 결과 약 57%의 사고가 근로자의 위험 인식 부족으로 인하여 발생했다. 현장 근로자와 관리감독자가 수시로 변화하는 상황에서 잠재된 위험을 인식하지 못할 경우 심각한 사고가 일어날 수 있다. 따라서 근로자가 위험을 쉽고 효과적으로 인식하도록 하는 방안이 절실히 필요하다.[61]

1.3 위험인식 방법

근로자의 위험 인식 수준을 높이는 방법으로는 위험을 예상하여 인지하는 방식(predictive hazard recognition)과 이미 발생하였던 위험을 인식하는 방식(retrospective hazard recognition)이 있다. 작업위험분석(JSA, job safety analysis 또는 JHA, job hazard analysis)은 위험을 예상하여 인식하는 방식이고 사고조사는 이미 발생했던 위험을 인식하는 방식이다.

전술한 두 가지 방식은 전형적인 위험인식 방법으로 활용되고 있지만 두 가지 방식을 적용한다고 해도 사업장은 상황에 따라 조건이 변화되는 등 새로운 위험이 생긴다. 그리고 사전에 위험을 인식하는 방식은 실제 사업장의 위험을 실질적으로 고려하기 어려운 단점이 있다. 이러한 단점을 보완하면서 근로자의 위험인식 수준을 높이는 좋은 예

underground mining operation.Safety science, 57, 129 - 137.

60) Liao, P. C., Sun, X., & Zhang, D. (2021). A multimodal study to measure the cognitive demands of hazard recognition in construction workplaces.Safety Science, 133, 105010.

61) Haslam, R. A., Hide, S. A., Gibb, A. G., Gyi, D. E., Pavitt, T., Atkinson, S., & Duff, A. R. (2005). Contributing factors in construction accidents. Applied ergonomics, 36 (4), 401 - 415.

는 미국 안전보건청이 개발한 핵심 위험 네 가지를 항목화(categorization)하여 집중한 교육 프로그램이다. 미국 안전보건청은 다년 간의 사고조사와 분석을 통해 주요 핵심 위험이 추락, 끼임, 타격 및 감전이라는 것을 파악하였다. 그리고 이러한 주요 핵심 위험을 근로자에게 효과적으로 인식시키기 위한 방안을 마련하였다.[62]

이와 관련하여 미국 안전보건청이 연구한 결과를 살펴보면 미국에 있는 건설 현장 57곳의 근로자 280명을 대상으로 핵심 위험 네 가지를 교육하고 공유한 결과 근로자의 위험인식 수준이 높아졌다.[63]

2. 위험 확인 및 항목화

2.1 위험 확인

사업장 특성을 고려하여 위험요인을 찾는 것은 사고 예방에 있어 필수불가결한 조건이다. 사업장 특성에 따라 추락, 낙하, 감전, 화재, 폭발, 끼임, 넘어짐, 깔림, 충격, 질식, 베임, 화상, 무너짐, 무리한 동작, 운전, 절단 및 충돌 등 다양한 위험요인이 존재할 수 있다. 그리고 그 위험의 심각도나 빈도에 따라 위험(risk) 수준도 다를 수 있다. 따라서 사업장의 다양한 위험과 관련한 정보를 담고 있는 각종 공정 위험성 평가자료, 작업 위험성 평가자료, 아차사고, 근로손실사고, 중대사고 등 모든 기록 가능한 사고자료, 산업안전보건법 등 관련 안전 관계 법령, 외부 정부 기관의 개선 명령 자료, 외부 컨설팅 기관의 점검 개선 자료 등을 확인하여 위험을 확인하고 목록화한다.

2.2 위험 항목화

전술한 '2.1 위험 확인' 항목에서 열거한 위험의 종류만 해도 17가지가 넘는다. 그리고 다양한 상황에 따라 추가적인 위험이 있을 수 있다. 무엇보다 중요한 사실은 이러한 위험요인을 분석하는 일도 중요하지만 근로자가 전술한 위험요인을 잘 인식하는 것이 중요하다. 하지만 근로자가 위험요인을 잘 인식하는 데에는 여러 문제가 존재한다. i)

---

62) 미국 고용부가 주관하는 "Outreach training program"으로 미국 건설 현장에서 중대한 사고가 발생하는 네 가지 분야인 추락, 끼임, 타격 및 감전에 대한 중요성을 근로자에게 알리기 위한 교육 프로그램이다.

63) Rozenfeld, O., Sacks, R., Rosenfeld, Y., & Baum, H. (2010). Construction job safety analysis. Safety science,48(4), 491–498.

위험의 종류가 많고 항목화되어 있지 않아 위험을 보고 쉽게 인지하기가 어렵기 때문이다. ii) 관리감독자는 사업장에 존재하는 위험을 항목화하여 근로자에게 전달하기 어렵다. iii) 관리감독자와 근로자 간 위험내용 공유 미팅 시 또는 TBM 활동 시 항목화 된 위험에 대한 토론이 어렵고 근로자는 해당 위험을 구체적으로 기억하기 어렵다. iv) 근로자는 사업장에 존재하는 핵심 위험에 대한 집중이 어렵고 순식간에 잊어버린다. 이러한 문제를 해결하기 위해서는 사업장에 존재하는 많은 위험요인들을 쉽고 빠르게 인식할 수 있도록 항목화하는 것이 급선무이다. 이러한 항목화의 필요성은 전술한 '1.3 위험인식 방법'에서 미국 안전보건청이 시행하고 있는 내용을 유심히 검토할 필요가 있다.

근로자가 핵심 위험을 쉽고 빠르게 인식할 수 있는 방안에 대해서 저자가 경험한 사례를 기반으로 설명하고자 한다. 저자가 생산현장, 건설현장, 서비스 현장 및 본사 등에서 경험한 바에 따르면 대체로 위험은 크게 일곱 가지로 항목화 할 수 있다. i) 높은 곳, 사다리 및 발판 등에서 근로자가 떨어지거나 넘어지는 위험요인으로 떨어짐과 넘어짐으로 정의한다. ii) 활선, 정전 및 고열 등의 전기와 열에너지가 존재하는 곳에서 감전하거나 화상을 입는 위험요인으로 감전과 화상으로 정의한다. iii) 유해화학물질 접촉, 흡입, 자극 및 소음성 난청을 입는 위험으로 유해인자로 정의한다. iv) 회전체나 물체사이에 신체가 끼이는 위험으로 끼임으로 정의한다. v) 차량, 자재 및 각종 공구 등에 신체가 충돌, 절단, 타격 및 베이는 위험으로 충돌과 절단으로 정의한다. vi) 가연성 물질 취급 및 화기작업 등에 의한 위험으로 화재폭발로 정의한다. 마지막으로 vii) 과중한 인력 양중, 운반, 밀기 등 근골격계와 관련한 위험으로 근골격계로 정의한다. 사업장의 특성에 따라 일곱 가지 위험의 범주에 포함하지 못하는 위험요인이 존재할 수 있다. 그런 경우에는 사업장 특성에 맞게 수정해도 좋을 것으로 판단한다. 다만 너무 많은 위험 항목화를 추진할 경우 근로자의 위험인식 수준이 떨어질 수 있음을 고려해야 한다. 전술한 위험 항목화에서 정의한 일곱 가지 위험은 관리감독자와 근로자 간 공통의 정신모델[64]로서 높은 수준의 위험인식이 될 수 있는 방안으로 활용될 수 있다.

---

64) 정신모델은 본 책자에서 이미 설명한 바와 같이 사람이 염두에 두고 있는 지식(사실 또는 가정)에 대한 구조화된 모습이다. 정신모델은 시스템이 포함하는 것, 구성 요소가 시스템으로 작동하는 방식, 그렇게 작동하는 이유, 시스템의 현재 상태 그리고 자연의 기본법칙을 감지할 수 있도록 도움을 준다. 사람은 자신을 둘러싼 다양한 현실을 자신이 기억할 수 있는 정신적 이미지(예: 간단한 한 줄 그림)로 단순화하여 복잡한 상황을 처리한다. 관리감독자와 근로자 간 위험인식과 관련한 수준 높은 정신모델을 보유할 경우, 우리가 기대하는 높은 수준의 위험인식을 가질 수 있다.

사업장 특성에 맞게 일곱 가지의 위험(hazard)에 대한 심각도와 빈도를 평가하고 사업장에 맞는 위험요인 목록(risk resister)을 기반으로 어떤 위험요인이 심각하고 많은 점유율을 보이는지 검토하고 선별하여 위험요인의 우선순위를 부여하는 것이 필요하다. 예를 들면 A라는 사업장은 전술한 일곱 가지 위험 중 떨어짐과 넘어짐, 끼임, 근골격계 등 세 가지 위험이 선정되었고 떨어짐과 넘어짐이 주요 위험이라면 해당 사업장에서 주요 위험의 우선순위는 떨어짐과 넘어짐이 될 것이다.

저자는 위험을 항목화하는 방법을 설명하기 위하여 고용부가 발간한 산업재해 현황분석 자료를 참조하였다.[65] 고용부 자료가 담고 있는 재해 유형(위험요인)은 떨어짐, 넘어짐, 깔림/뒤집힘, 물체에 맞음, 무너짐, 끼임, 절단/베임/찔림, 화재/폭발/파열 등 여덟 가지이다. 위험의 점유율을 확인한 결과 넘어짐 위험이 20,659명으로 19%를 차지한다. 떨어짐 위험이 14,406명으로 13%를 차지한다. 끼임 위험이 12,894명으로 12%를 차지한다. 절단/베임/찔림 위험이 10,374명으로 10%를 차지한다. 부딪힘 위험이 7,503명으로 7%를 차지한다. 물체에 맞음 위험이 7,248명으로 7%를 차지한다. 그 외에는 교통사고, 무리한 동작, 기타 및 업무상 질병 등이 있다.

재해 유형(위험요인)	요양자 수	점유율
넘어짐	20,659	19%
떨어짐	14,406	13%
끼임	12,894	12%
절단·베임·찔림	10,374	10%
부딪힘	7,503	7%
물체에 맞음	7,248	7%
교통사고	5,533	5%
기타	6,138	6%
깔림·뒤집힘	2,201	2%
화재·폭발·파열	549	1%
무너짐	535	0%
무리한 동작	4,343	4%
업무상 질병	15,996	15%
총계	108,379	100%

---

65) 고용노동부. (2020). 산업재해 현황분석, 2020년 광업, 제조업, 건설업, 전기 가스 수도업, 운수 창고 통신업, 임업, 어업, 농업, 금융보험업 및 기타의 사업에서 발생한 요양 재해자는 108,379명이다.

고용부가 정의한 재해 유형(위험요인)을 저자가 전술한 일곱 가지 위험으로 항목화 한 내용은 다음과 같다. 떨어짐과 넘어짐은 떨어짐과 넘어짐이다. 끼임은 끼임이다. 절단, 베임, 찔림, 부딪힘, 물체에 맞음, 깔림, 뒤집힘 및 교통사고, 무너짐은 충돌과 절단이다. 화재, 폭발 및 파열은 화재폭발이다. 무리한 동작은 근골격계이다. 이렇게 항목화 한 결과 기타와 업무상 질병을 제외하고 모든 재해유형이 일곱 가지 위험의 범주에 포함되었다. 물론 특정 사업장의 경우 일곱 가지 위험 중 세 가지 또는 다섯 가지가 될 수 있다.

3. SAFE 절차 개발

효과적인 위험 항목화를 통해 근로자의 위험인식 수준을 높일 수 있는 SAFE절차를 개발한다. SAFE에서 S는 위험을 조사한다는 의미에서 Scan, A는 위험을 분석한다는 의미에서 Analyze, F는 위험을 확인한다는 의미에서 Find hazard, E는 파악한 위험인식을 강화한다는 의미에서 Enforcement로 저자가 새로 정의하였다. 전술한 위험확인 및 위험 항목화에 설명된 바와 같이 사업장에 존재하는 위험을 검토하고 일곱 가지 위험으로 항목화하는 것이 필요하다. 그리고 마이크로소프트 파워포인트 프로그램을 활용하여 SAFE절차에 활용할 슬라이드를 구성하고 위험의 정의, 상황 사진 및 인식내용 등을 포함한다. 이 슬라이드를 기반으로 근로자 교육을 시행하므로 근로자가 쉽게 이해할 수 있는 사진을 사용한다. 사진은 사고 현장 사진이나 위험이 존재하는 상황이 묘사된 그림을 활용하고 만약 적절한 사진이 없다면 별도의 만화 제작을 추천한다.

아래 표는 떨어짐과 넘어짐에 대한 SAFE 절차이다. 이 위험은 사람이 서서 미끄러지거나 이동 중 넘어져 균형을 잃는 상황 그리고 발(신발)과 보행/작업 표면 사이의 마찰력이 너무 적어 균형을 상실하는 상황이다.

SAFE 절차	떨어짐과 넘어짐
	OO부두에서 파이프 선적작업을 위해 육상 줄걸이 작업을 위하여 파이프 슬링벨트를 잡는 과정이다.[66]
Scan	작업상황을 조사한다.

---

66) 안전보건공단(2021). 항만하역재해사례, 2021 – 교육혁신 – 567.

	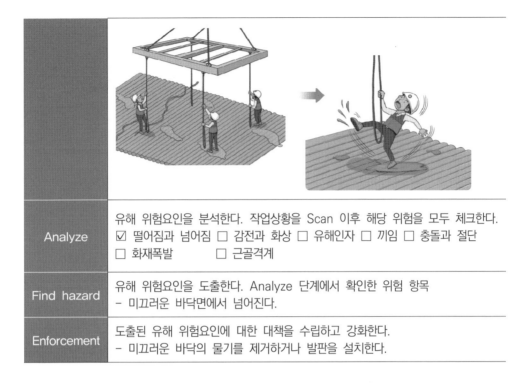
Analyze	유해 위험요인을 분석한다. 작업상황을 Scan 이후 해당 위험을 모두 체크한다. ☑ 떨어짐과 넘어짐 □ 감전과 화상 □ 유해인자 □ 끼임 □ 충돌과 절단 □ 화재폭발　　　□ 근골격계
Find hazard	유해 위험요인을 도출한다. Analyze 단계에서 확인한 위험 항목 - 미끄러운 바닥면에서 넘어진다.
Enforcement	도출된 유해 위험요인에 대한 대책을 수립하고 강화한다. - 미끄러운 바닥의 물기를 제거하거나 발판을 설치한다.

　아래 표는 떨어짐과 넘어짐에 대한 SAFE 절차이다. 떨어짐과 넘어짐은 일반적으로 근로자가 균형을 잃거나 신체 지지력을 상실하여 균형의 중심에서 멀리 떨어져 있을 때 발생한다. 그리고 보행하거나 작업하는 표면 아래로 떨어질 수도 있다.

SAFE 절차	떨어짐과 넘어짐
	아래 사진은 근로자가 가설비계 발판을 따라 이동하고 있다.
Scan	작업상황을 조사한다. 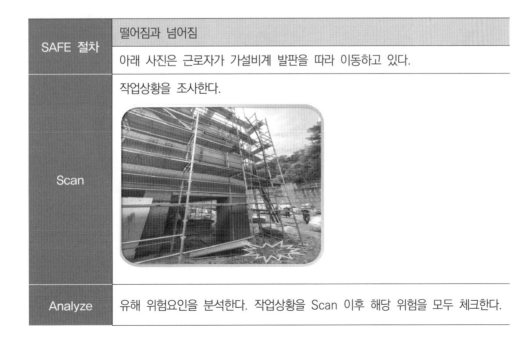
Analyze	유해 위험요인을 분석한다. 작업상황을 Scan 이후 해당 위험을 모두 체크한다.

	☑ 떨어짐과 넘어짐 ☐ 감전과 화상 ☐ 유해인자 ☐ 끼임 ☐ 충돌과 절단 ☐ 화재폭발 ☐ 근골격계
Find hazard	유해 위험요인을 도출한다. Analyze 단계에서 확인한 위험 항목 - 가설비계 발판에서 이동 시 떨어질 수 있다.
Enforcement	도출된 유해 위험요인에 대한 대책을 수립하고 강화한다. - 가설비계 발판의 안전난간대 설치 여부를 확인한다. - 가설비계 발판에서 균형을 잃어 떨어질 수 있는 위험을 인식한다.

아래 표는 끼임 위험에 대한 SAFE 절차이다. 끼임 위험은 일반적으로 사람의 신체가 두 개 이상의 물체 사이 또는 물체의 일부 사이 또는 기계설비에 끼이는 상황이다.

SAFE 절차	끼임
	원재료 배합실에서 배합기 내부 청소를 하는 상황이다.[67]
Scan	작업상황을 조사한다.
Analyze	유해 위험요인을 분석한다. 작업상황을 Scan 이후 해당 위험을 모두 체크한다. ☐ 떨어짐과 넘어짐 ☐ 감전과 화상 ☐ 유해인자 ☑ 끼임 ☐ 충돌과 절단 ☐ 화재폭발 ☐ 근골격계
Find hazard	유해 위험요인을 도출한다. Analyze 단계에서 확인한 위험 항목 - 회전하는 회전날과 배합기 내벽 사이에 신체가 끼인다. - 내부 청소 시 배합기 전원을 차단하지 않으면 배합기가 작동한다.
Enforcement	도출된 유해 위험요인에 대한 대책을 수립하고 강화한다. - 전원을 차단(롯아웃 텍아웃)하고 배합기 내부 작업을 시행한다.

---

67) 안전보건공단이 발간한 사망 재해사례.

휴먼 퍼포먼스 개선과 안전 마음챙김

아래 표는 충돌과 절단에 대한 SAFE 절차이다. 절단, 베임, 찔림, 부딪힘, 물체에 맞음, 깔림, 뒤집힘 및 교통사고, 무너짐은 충돌과 절단의 위험이 있다.

	충돌과 절단
SAFE 절차	제철 공장에서 재해자가 코일 이송용 대차 운행 궤도에 들어가 청소작업을 하고 있다.[68]
Scan	작업상황을 조사한다.
Analyze	유해 위험요인을 분석한다. 작업상황을 Scan 이후 해당 위험을 모두 체크한다. ☐ 떨어짐과 넘어짐 ☐ 감전과 화상 ☐ 유해인자 ☐ 끼임 ☑ 충돌과 절단 ☐ 화재폭발 ☐ 근골격계
Find hazard	유해 위험요인을 도출한다. Analyze 단계에서 확인한 위험 항목 - 운행 중인 이송용 대차 운행 궤도에 들어가면 부딪힌다. - 청소 작업 시 이송용 대차의 전원을 차단하지 않으면 부딪힌다. - 이송 대차가 운행 중일 경우 경보음이 나지 않을 수도 있다.
Enforcement	도출된 유해 위험요인에 대한 대책을 수립하고 강화한다. - 청소 작업 시 전원을 차단(록아웃 텍아웃)한다.

아래 표는 충돌과 절단에 대한 SAFE 절차이다. 절단, 베임, 찔림, 부딪힘, 물체에 맞음, 깔림, 뒤집힘 및 교통사고, 무너짐은 충돌과 절단의 위험이 있다.

---

68) 안전보건공단이 발간한 사망 재해사례.

	충돌과 절단
SAFE 절차	00조선소에서 판계 작업자가 철판을 핀 지그 위에 올려 판계 작업을 실시하던 중 도면의 위치대로 철판을 배열하기 위해 철판을 고정하고 있던 레버 풀러를 조작하는 상황이다.[69]
Scan	작업상황을 조사한다. 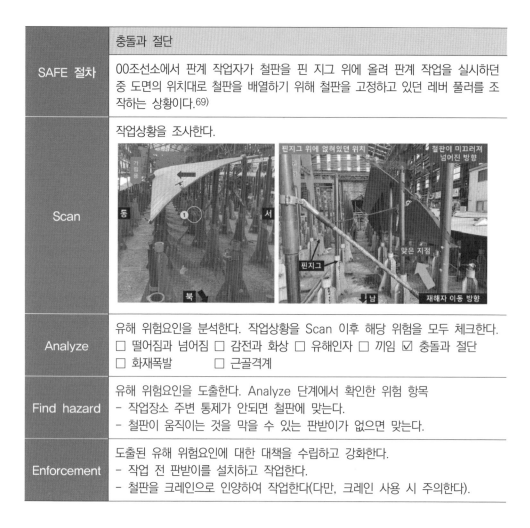
Analyze	유해 위험요인을 분석한다. 작업상황을 Scan 이후 해당 위험을 모두 체크한다. ☐ 떨어짐과 넘어짐 ☐ 감전과 화상 ☐ 유해인자 ☐ 끼임 ☑ 충돌과 절단 ☐ 화재폭발 ☐ 근골격계
Find hazard	유해 위험요인을 도출한다. Analyze 단계에서 확인한 위험 항목 - 작업장소 주변 통제가 안되면 철판에 맞는다. - 철판이 움직이는 것을 막을 수 있는 판받이가 없으면 맞는다.
Enforcement	도출된 유해 위험요인에 대한 대책을 수립하고 강화한다. - 작업 전 판받이를 설치하고 작업한다. - 철판을 크레인으로 인양하여 작업한다(다만, 크레인 사용 시 주의한다).

개발된 SAFE 슬라이드를 근로자에게 보여주고 SAFE 절차에 따라 작업상황 조사, 유해 위험요인 분석 및 도출, 대책 수립 절차를 시연해 보도록 요청한다. 근로자가 처음에는 위험을 찾는데 어려움이 있을 수 있으나 계속 반복한다면 해당 위험을 찾는 방법을 깨우칠 것이다.

그리고 이러한 과정을 강화(reinforcement)하기 위한 방법으로 SAFE절차 퀴즈를 제공해 보는 것도 좋을 것이다. 예를 들어 한 장의 SAFE 슬라이드에 떨어짐과 넘어짐 및 감전과 화상 등의 위험이 동시에 존재하고 근로자가 이 위험을 다 맞추면 100점을 부여하는 방식이다. 이러한 방식으로 만든 SAFE 슬라이드가 총 30장이고 해당하는 위험요인

---

69) 안전보건공단이 발간한 사망 재해사례.

이 100개가 된다고 가정하자. 근로자가 만약 100개의 위험요인을 다 맞추면 100점을 부여하고 50개를 맞추면 50점을 부여하는 방식이다. 저자가 현장에서 경험한 바에 의하면 이러한 퀴즈 제공은 근로자가 자발적으로 참여할 수 있도록 하는 동기를 부여한다. 그리고 여기에 다양한 선물을 준비한다면 근로자는 더욱 자발적으로 참여하고 그 만큼 위험요인 항목을 잊지 않을 것이다. SAFE 슬라이드는 파워포인트의 슬라이드 쇼 기능을 활용하고 일정 시간 이후 자동으로 넘어갈 수 있도록 설정할 것을 추천한다.

4. 근로자 의견 청취

안전 마음챙김의 취지, 목적 및 방법론을 근로자에게 묻고 요청사항을 반영하는 것이 중요하다. 그리고 아무리 좋은 안전 활동일지라도 실제 근로자가 실행하기 어렵다면 그 효과는 낮을 것이다. 다만 모든 근로자의 의견을 수렴하는 과정은 많은 시간이 필요하기도 하고 공통된 의견을 찾는 것이 어려울 수 있다. 따라서 근로자를 대표할 수 있는 사람과 관리감독자를 선정하여 의견을 듣는 방식을 추천한다.

5. 강사 양성 교육

안전 마음챙김에 대한 핵심 내용과 진행과정을 근로자에게 효과적으로 전달하기 위해서는 강사 양성교육이 필요하다. 강사는 각 사업장에서 안전업무를 담당하지 않는 리더급 감독자를 선별하는 방식을 추천한다. 그 이유는 안전 업무는 안전을 담당하는 사람의 일이라는 고정관념을 피하기 위한 목적이 있으며 현장과 관련이 있는 사람이 직접 교육을 시행한다는 관점에서 긍정적인 효과가 있기 때문이다. 물론 안전 업무를 담당하지 않는 사람이 이러한 교육을 하기에는 여러 어려움이 존재할 수 있으므로 안전 업무를 담당하는 사람이 배석하여 조력자(facilitator)의 역할을 수행하는 것이 필요하다.

6. 근로자 교육

사업장 특성이나 상황에 따라 안전 마음챙김 시행을 위한 목적, SAFE 절차시행, SAFE 슬라이드 구성, SAFE절차 퀴즈 및 필요 시 시험 등의 내용으로 구성한다. 최초 교육 시간은 약 8시간 정도가 적정하며 이후 재교육(refresher training)은 약 4시간 정도가 적정하다고 생각한다. 시험은 미리 준비한 SAFE 슬라이드의 위험을 맞춘 개수에 비례하여 점수를 부여하는 방식이다. 이때 70점 이하는 재시험을 보도록 하는 방안을 추천한다.

7. IT프로그램 활용

전술한 SAFE절차 내용을 IT 프로그램(모바일 프로그램 등)으로 개발하여 근로자 스스로 언제든지 교육받을 수 있는 방식을 추천한다. 그리고 관리감독자가 해당 근로자의 위험인식 수준을 확인하고 자료화하는 방식을 고려해 볼 수 있다.

8. 안전 마음챙김 시행을 알리는 맞춤형 표지판 게시

근로자가 자율적이고 자발적으로 안전 마음챙김을 할 수 있는 분위기를 조성한다. 분위기 조성은 다양한 방법으로 이루어질 수 있지만 먼저 모든 사람이 자주 볼 수 있는 장소에 해당 사업장이 안전 마음챙김을 하고 있는 장소라는 것을 널리 알린다. 그리고 안전 마음챙김을 하는 것이 회사의 정책이고 행복으로 가는 경로라는 것을 알린다.

9. 안전 마음챙김 모니터링

관리감독자는 매일 작업 전 근로자와 함께 당일 업무와 해당 위험을 토론하고 SAFE 절차 시행의 중요성을 강조한다. 이후 근로자는 자신의 작업장 주변의 위험을 SAFE 절차에 따라 조사(S), 분석(A), 위험확인(F), 강화(E)를 시행한다. 그리고 점심 식사나 기타 사유로 작업이 중지되어 작업을 재개할 때 또는 작업 방법이 변경되었을 때도 SAFE 절차를 시행한다. 이때 근로자가 하는 SAFE 절차는 별도의 문서에 기재하는 방식이 아닌 위험인식(metal processing) 과정임을 명심한다.

관리감독자는 주기적으로 근로자가 일하는 현장을 방문하여 해당 작업의 위험요인을 파악하고 근로자의 SAFE 절차 이행 여부를 확인한다. 만약 근로자가 시행했던 SAFE 절차에서 발견하지 못한 위험이 있다면, 추가적인 피드백을 해 주는 것도 좋은 방법이다.

이러한 과정이 조금은 부자연스럽고 어색하다고 생각할 수 있지만, 일관성 있고 지속적으로 시행한다면 근로자와 관리감독자 간에 열린 안전소통이 이루어질 수 있다. 그리고 근로자는 관리감독자의 의도에 따라 자신이 일하는 장소의 위험을 인식하려는 노력을 할 것이다. 이때 근로자의 긍정적인 위험 인식을 강화하기 위해 감사, 인정, 노력의 보상, 감사 카드(thank you card) 수여 등의 보상(reward)을 할 것을 추천한다.

10. 경영층 보고

안전 마음챙김 추진 소위원장은 주기적으로 안전 마음챙김 시행 현황을 CEO에게 보고하는 것을 추천한다.

11. TBM 활동 및 Safety Talks 검토

11.1 TBM이란?

TBM은 Tool Box Meeting(이하 TBM)이라는 영어의 앞 글자를 모은 단어이다. 우리말로 하면 툴 박스 미팅이라고 한다. 매일 작업 전 감독자가 주관하는 형태로 위험요인을 찾고 적절한 개선 대책을 수립하는 활동이다. 미국의 건설현장을 중심으로 감독자와 근로자가 공구함 주위에서 작업회의를 한 것이 모태가 되었다고 알려져 있다. TBM은 작업자와 관련 감독자가 함께 모여 안전 절차, 사고 예방, 장비 사용 및 작업장과 관련된 기타 관련 주제나 우려 사항을 논의하는 짧은 모임이다. 이와 유한한 용어는 Safety Moment, Safety Time—outs, Crew Safety Briefing, Safety Share, Safety Brief, Safety Minute, Tailgate Trainings, Stand—up Meetings, Tool Box Talks 또는 Safety Talks 등이 있다. 한편 고용노동부는 TBM을 작업 전 안전점검회의로 표현하기도 한다.[70],[71],[72],[73],[74],[75],[76]

70) 정진우. (2023). 안전심리(4판), 교문사.
71) 정진우. (2023). 산업안전관리론—이론과 실제, 중앙경제.
72) 이준원 & 조규선. (2021). 산업안전관리론, 성안당.
73) Paul Chen. (2023). Toolbox Meeting Guide and Workplace Safety Talk Best Practices. Retrieved from: URL: https://hubble.build/newsroom/toolbox—meeting—guide—and —workplace—safety—talk—best—practices.
74) 고용부. (2023). 작업 전 안전점검회의 가이드.
75) Kaskutas, V., Jaegers, L., Dale, A. M., & Evanoff, B. (2016). Toolbox talks: Insights for improvement. Professional safety, 61(01), 33—37.
76) Oshatraining.com. (2024). Toolbox Talks for OSHA Safety and Health. Retrieved from: URL: https://oshatraining.com/more—osha—training—resources/toolbox—talks—for—

선행연구를 통해 Safety Moment, Safety Time-outs, Crew Safety Briefing, Safety Share, Safety Brief, Safety Minute, Tailgate Trainings, Stand-up Meetings, Tool Box Talks 또는 Safety Talk의 차이점을 살펴본 결과, 의미나 목적은 유사하지만 TBM과 Safety Talks는 다른 부분이 존재한다. 국내에서는 TBM이라는 용어가 많이 사용되는 반면, 해외에서는 Safety Talks라는 용어가 많이 사용되는 것으로 보인다. 저자는 TBM이라는 용어를 Safety Talks라는 용어로 대체할 것을 추천한다.

그 이유는 해외에서 시행되는 Safety Talks은 지위 고하를 막론하고 자유 분방하고 실질적인 위험요인을 찾고 개선하는 회합의 일종으로 활용된다. 국내에서 오랫동안 운영되어 왔지만 그 효과가 생각만큼 크지 못했던 TBM은 너무 경직되어 있고 권력거리(power distance)를 불러 일으킨다. 국내에서 보통 작업 전 시행하는 TBM은 일반적으로 감독자가 근로자에게 명령 하달식의 방식이 될 소지가 있다. 그리고 원청 근로자가 하청 근로자에게 형식적, 강압적 그리고 일방적으로 위험요인을 전달하는 방법으로 운영될 수 있다. 또한 일종의 법적 요건을 준수하는 행동의 일환으로 모든 참가자의 서명을 받아 놓는 점 또한 간과할 수 없다. 더욱이 병원, 서비스 현장, 지하철, 사무실 등의 장소는 공구함이 없어 Tool Box Meeting이라는 용어가 어울리지 않는다고 생각한다.

11.2 TBM 운영 현황

(1) 중대재해처벌법 입법

1994년부터 2011년까지 17년 동안 판매된 가습기 살균제로 영유아가 사망하거나 폐손상을 입는 등 심각한 건강 피해를 입는 사고가 있었다. 그런 동안 2006년 의료계가 어린이들의 원인 미상 급성 간질성 폐렴에 주목하기 시작하였다. 2016년 기준으로 사건의 피해자는 약 2,000여 명에 달했다. 2003년 2월 18일 오전 대구지하철 1호선 중앙로역에서 우울증을 앓던 50대 남성의 방화로 사망자 192명 등 340명의 사상자를 낸 대형참사가 있었다. 단순한 방화로 인한 사고라고 보기보다 지하철 공사 관계자들의 무책임하고 서툰 대처 능력, 비상대응기관 직원들의 허술한 위기 대응, 전동차의 내장재 불량 등 전반적인 안정망의 허점과 정책상의 오류가 참사를 일으켰다.

2014년 4월 16일 안산 단원고 학생 325명을 포함해 476명의 승객을 태우고 인천을 출발해 제주도로 향하던 세월호가 전남 진도군 앞바다에서 침몰, 304명이 사망한 사고

---

osha-safety-and-health/.

가 있었다. 구조를 위해 해경이 도착했을 때, '가만히 있으라'는 방송을 했던 선장과 선원들이 승객들을 버리고 가장 먼저 탈출했다. 배가 침몰한 이후 구조자는 단 한 명도 없었다. 2016년 5월 28일 서울 지하철 2호선 구의역 내선순환 승강장에서 스크린도어를 혼자 수리하던 외주업체 직원(간접고용 비정규직, 1997년생, 향년 19세)이 출발하던 전동열차에 치어 사망하였다. 한국발전기술 소속의 24세 비정규직 노동자 김용균이 한국서부발전이 운영하는 태안화력발전소에서 2018년 12월 10일 밤 늦은 시간 태안화력 9·10호기 트랜스퍼 타워 04C 구역 석탄이송 컨베이어벨트에서 기계에 끼어 사망하였다.

우리 사회를 둘러싼 어처구니없는 다양한 재해는 우리 사회에 만연한 위험 불감 주의와 함께 현장책임자 위주의 낮은 처벌 그리고 법인기업에 대한 실효성 없는 경제적 제재 등이 지목되어 왔다. 더욱이 중대재해 발생 시 처벌 수위가 낮고, 경영구조가 복잡한 대규모 조직의 경우 최종 의사결정권자가 처벌되는 경우는 거의 없는 것이 현실이었다.

산업재해가 발생하면 산업안전보건법 조항 위반에 대해서는 고용부 감독관이 조사를 하고, 형법상 업무상 과실치사상죄에 대해서는 경찰이 수사를 진행하여 왔다. 이러한 수사를 거쳐 검찰이 공소 사실을 제기하면 법원이 산업안전보건법 위반과 업무상 과실치사상죄에 대한 판결을 하였다. 그러나 이러한 판결은 대다수가 징역형 또는 금고형이 선고되는 경우에도 집행유예가 되는 경우가 대부분이었다. 더욱이 법인사업주에게는 1,000만 원을 넘지 않는 벌금이 부과되는 경우가 고작이었다. 이러한 사유로 산업안전보건법 위반 범죄에 대하여 기존의 처벌만으로는 범죄억지력을 기대하기 어렵다는 다양한 비판이 존재하여 존재해 왔다.

이러한 사회적 분위기에 따라 더불어민주당은 2020년 12월 24일 국회 법제사법위원회 법안 심사1소위를 독자적으로 열어 중대재해처벌법 제정 심사를 하였다. 그리고 2021년 1월 8일 국회 본회의에서 법제사법 위원장 원안으로 가결되어 1월 26일 중대재해처벌법이 공포되었다. 중대재해처벌법 제1조(목적)를 살펴보면, 사업 또는 사업장, 공중이용시설 및 공중교통수단을 운영하거나 인체에 해로운 원료나 제조물을 취급하면서 안전보건 조치의무를 위반하여 인명 피해를 발생하게 한 사업주, 경영책임자, 공무원 및 법인의 처벌 등을 규정함으로써 중대재해를 예방하고 시민과 종사자의 생명과 신체를 보호함을 목적으로 하고 있다. 이는 사업주와 경영책임자 등에게 사업 또는 사업장, 공중이용시설 및 공중교통수단 운영, 인체에 해로운 원료나 제조물을 취급함에 있어서 일정한 안전조치의무를 부과하고 이를 위반하여 인명피해가 발생한 경우에는 이들을 처벌하여 근로자와 일반시민의 생명과 신체를 보호하겠다는 의지가 담겨 있다. 중대재해처벌법은 총 4장과 16개 조문으로 구성되어 있다.

가. 중대재해처벌법의 특징

중대재해처벌법은 산업안전보건법에 비해 법정형을 상향하였다. 그리고 산업안전보건법이 사업장 단위로 이루어진다면 중대재해처벌법은 사업 전반을 관리하는 의무를 부과하였다. 따라서 중대재해처벌법상의 수범자인 경영책임자 등은 안전보건과 관련한 의무를 총괄하는 자로서 산업안전보건법과는 달리 자신에게 부과된 의무를 주기적으로 이행했다는 사실을 소명해야 한다. 더욱이 중대재해처벌법은 도급, 용역, 위탁 등을 행한 경우 제3자의 근로자(종사자)에 대해서까지 안전 및 보건 확보의무를 확보해야 한다.

나. 중대재해처벌법의 벌칙

중대재해처벌법 제6조 중대산업재해 사업주와 경영책임자 등의 처벌과 관련 제4조 또는 제5조를 위반하여 제2조 제2호 가목(사망자 1명 이상 발생)의 중대산업재해에 이르게 한 사업주 또는 경영책임자 등은 1년 이상의 징역 또는 10억원 이하의 벌금에 처한다. 이 경우 징역과 벌금을 병과할 수 있다고 되어 있다. 제4조 또는 제5조를 위반하여 제2조 제2호 나목(동일한 사고로 6개월 이상 치료가 필요한 부상자 2명 이상 발생) 또는 다목(동일한 요인으로 급성중독 등 대통령령으로 정하는 질병자가 1년 이내에 3명 이상 발생)의 중대산업재해에 이르게 한 사업주 또는 경영책임자 등은 7년 이하의 징역 또는 1억원 이하의 벌금에 처한다고 되어 있다.

제4조의 제1항 또는 제2항의 죄로 형을 선고받고 그 형이 확정된 후 5년 이내에 다시 제1항 또는 제2항의 죄를 저지른 자는 각 항에서 정한 형의 2분의 1까지 가중한다고 되어 있다. 그리고 동법 제7조(중대산업재해의 양벌규정) 법인 또는 기관의 경영책임자 등이 그 법인 또는 기관의 업무에 관하여 제6조에 해당하는 위반행위를 하면 그 행위자를 벌하는 외에 그 법인 또는 기관에 다음 각 호의 구분에 따른 벌금형을 과(科)한다고 되어 있다. 다만, 법인 또는 기관이 그 위반행위를 방지하기 위하여 해당 업무에 관하여 상당한 주의와 감독을 게을리하지 아니한 경우에는 그러하지 아니하다(제6조제1항의 경우: 50억원 이하의 벌금, 제6조제2항의 경우: 10억원 이하의 벌금).

(2) 중대재해 감축 추진 방향 설정

고용부는 '23년 대중소기업 안전보건 상생협력사업 운영 매뉴얼을 통해 대한민국의

휴먼 퍼포먼스 개선과 안전 마음챙김

중대재해 감축 추진 방향을 설정하였다. 여기에는 i) 예방과 재발방지의 핵심수단으로 위험성평가 개편, ii) 산업안전 감독 및 행정 개편, iii) 산업안전보건 법령 기준 정비 등의 핵심 항목이 담겨있다. 이중 i) 예방과 재발방지의 핵심수단으로 위험성평가 개편과 관련한 내용을 살펴보면 위험성평가 중심의 자기규율 예방체계를 확립하겠다는 의지가 담겨있다.

고용부는 2009년 2월 산업안전보건법을 개정하여 사업주의 위험성평가 실시에 대한 법적 근거를 마련하였다. 2012년 사업장 위험성평가에 관한 지침 제정, 2013년 산업안전보건법에 별도의 법조항을 신설하여 제도 도입, 2014년 제도의 현장 작동성 강화를 위해 위험성평가를 안전보건관리책임자 등의 구체적 업무로 규정하고, 업무 미수행 시 시정명령 및 과태료(500만원 이하)를 부과할 수 있는 근거규정 신설, 2019년 유해·위험요인 파악 및 위험성 감소대책 수립·실행 단계에 근로자가 참여하도록 하는 의무규정을 신설하였다.

고용부는 2023년 사업장 위험성평가에 관한 지침을 대폭 개정하기에 이른다. 개정내용의 주요 골자는 i) 위험성평가 고시의 목적을 산업재해를 예방하기 위함으로 구체화, ii) 부상·질병의 가능성과 중대성 측정 의무규정을 제외하고, 위험요인 파악 및 개선대책 마련에 집중하도록 재정의, iii) 빈도·강도를 산출하지 않고도 위험성 수준을 판단할 수 있도록 개선하고 체크리스트, OPS 및 3단계 판단법 등 간편한 방법 제시, iv) 상시적인 위험성평가가 이루어지도록 개편[사업장 설립 이후 1개월 이내 위험성 평가(최초 위험성 평가) 실시, 기계·기구 등의 신규 도입·변경으로 인한 추가적인 유해 위험요인에 대해 실시(수시 위험성 평가), 매년 전체 위험성평가 결과의 적정성을 재검토(정기 위험성 평가)하고, 필요 시 감소대책 시행, 월 1회 이상 제안제도, 아차사고 확인, 근로자가 참여하는 사업장 순회점검을 통해 위험성평가들 실시(상시 위험성 평가)]하고, 매주 안전·보건관리자 논의 후 매 작업일마다 TBM 실시하는 경우 수시·정기평가 면제 등 평가방법 다양화, v) 위험성평가 모든 과정에 근로자 참여, vi) 위험성평가 결과 전반을 근로자에게 공유 및 TBM을 통한 확산 노력규정 신설 등이다.[77],[78]

(3) 고용부의 위험성평가와 작업 전 안전점검회의(TBM) 가이드
고용부는 중대산업재해 감축을 위해 기업이 자기규율 예방체계를 구축하고 실질적인

---

77) 고용부. (2023). '23년 대중소기업 안전보건 상생협력사업.
78) 양정모. (2024). 새로운 안전관리론－이론과 실행사례, 박영사.

위험성평가를 하도록 TBM 활동을 강화하였다. 이러한 취지에서 고용부는 2023년 2월 자기규율 예방체계 구축-위험성평가와 작업 전 안전점검회의(TBM)에 답이 있다는 제목의 '작업 전 안전점검회의 가이드'를 발간하였다. 이 가이드를 간략히 살펴보면 현장의 노사가 함께 참여하고 위험성평가를 시행하여 TBM을 통해 위험요인과 대책을 현장에 전달하는 활동을 추천하고 있다. 그리고 TBM이 효과적으로 작동되려면 관리감독자의 사전준비가 중요하며 핵심 준비사항은 해당 작업에 대한 철저한 위험성평가라고 설명하고 있다. 또한 자기규율 예방체계 구축은 위험성평가와 이를 현장에서 전달할 수단인 TBM이라는 두 개의 축이 제대로 작동할 때 가능하다는 것을 강조하였다. 이 가이드의 구성은 TBM의 개요, TBM 단계별 활동 내용, 주요 작업별 TBM 활용 OPS 및 활용 참고 서식(양식)으로 구성되어 있다. 고용부가 발간한 가이드 내용을 기반으로 TBM 단계별 활동을 다음과 같이 간략히 요약한다.[79]

가. TBM 사전 준비 단계

TBM은 모든 작업자가 작업 전 당해 작업과 관련된 유해·위험요인과 안전조치를 이해할 수 있는 필수적인 활동이다. 사전 준비의 구체적인 내용은 i) 작업·공정별 위험성평가 실시, ii) 최근 현장에서 발생한 사건·사고 내용 확인, iii) 작업 현황 파악(작업 물량, 작업 범위, 작업내용 및 필요한 보호구), iv) TBM 전달자료 작성 및 내용 숙지(위험성평가 결과, 사고보고서 및 안전작업 지침)를 포함한다.

나. TBM 실행 과정

작업내용에 대한 중점 위험요인과 대책을 공유한다. TBM은 작업 전 위험성평가에서 파악된 위험 이외에 미처 파악하지 못한 유해·위험요인을 찾아내어 필요한 예방조치를 하는 중요한 활동이다. 참석자 간 존중과 배려를 바탕으로 칭찬하는 분위기를 조성해서 작업자가 적극적으로 참여할 수 있는 풍토를 조성해야 한다. 또한 작업자가 TBM의 전달 사항을 정확하게 이해하고 있는지 확인하는 과정을 가져야 한다.

구체적인 실행 내용은 i) 작업자 건강 상태 확인(과도한 음주, 37℃ 이상 체온, 약물 복용 여부 등 이상 유무), ii) 작업내용, 위험요인, 안전 작업절차 및 대책 공유·전달(최근 작업장 사고사례 공유, 긍정적이고 칭찬하는 분위기로 작업자의 발표 적극 권장), iii) 작업자가 TBM의 내용을 숙지하였는지 확인(중점 One point 위험요인과 대책 숙지 여부), iv) 위험요

---

79) 고용부. (2023). 작업 전 안전점검회의 가이드(TBM: Tool Box Meeting).

인과 불안전한 요인 발견 시 행동 요령인 SLAM활용(멈춘다 Stop → 확인한다 Look → 평가한다 Assess → 관리한다 Manage)

다. TBM 환류조치

환류조치에는 작업자의 불만, 질문, 제안사항 검토, TBM 결과의 충실한 기록·보관 및 관련 조치 결과 피드백이 있다.

(4) 국내 업종별 TBM 실행 사례

고용부의 중대재해 감축 로드맵에 따른 위험성평가 시행과 TBM 시행의 중요성을 인지하고 있는 국내 대기업 그리고 중소기업은 전술한 고용부가 발간한 작업 전 안전점검회의 가이드에 따라 각 기업의 특성에 맞게 TBM을 시행하고 있다. 각 기업이 시행하는 TBM 활동은 유튜브에서 쉽게 검색할 수 있다. 본 책자에서는 유튜브에서 조회할 수 있는 업종별 TBM 사례를 간략히 요약하고 보완점을 검토해 보고자 한다.

가. S 물산(건설업)

유튜브에 공개된 2023년 3월 1일 S물산 현장의 협력업체가 시행하는 TBM 실행 사례를 요약한 내용이다. TBM 시행 시간은 약 6분 33초이다.

구분	항목	내용
Step-1	상호간 인사	리더가 당일 TBM 소개 및 상호간 인사 안내(리더 포함 8명)
Step-2	건강상태 및 개인보호구 확인	·발열이 있거나 몸이 불편한 사람 확인 ·안전모 턱끈 상태 확인 ·안전벨트 고리 잠금상태 확인 ·안전화 상태 확인
Step-3	비상대피로 확인	·비상게이트 확인(이동 경로 등)
Step-4	작업내용, 위치 전달 및 위험예지활동	·금일 작업은 지하 1층 CCTV 입선작업임 ·이 공사를 위해 고소작업대를 사용함 ·우리가 사용하는 리프트는 다섯 가지 종류임 ·상승과 하강이 다르므로 사용 시 주의가 필요함 ·리프트 상부에서는 안전대를 착용함
Step-5	사고사례 전달	·안전관리자가 사고사례를 공유함 ·근로자가 고소작업대에 탑승한 상태로 낮은 출입문

		·을 후진으로 통과하던 중 출입문에 끼어 사망한 사례가 있음. 이에 대한 주의바람 ·고소작업대 작업 시 작업지휘자와 유도자를 배치해야 함
Step-6	위험성평가 내용 공유	·기존의 위험성평가 내용에 더해 테이블 리프트 작업이 필요함 ·지상층 트레이가 설비 배관이므로 테이블 리프트 밖으로 올라가지 못하는 경우가 있음 ·중간 발판 및 상부 작업 시 위험성평가를 추가해야 함 ·해당 위험은 균형을 잃고 추락하는 위험임 ·안전대의 고리를 적절한 부분에 체결해야 함
Step-7	안전구호 제창	·오늘도 안전작업을 위한 지적확인 실시 ·우리의 약속 제창: 나와 동료의 안전은 우리가 지킨다. 동료의 불안전행동을 정중히 중단 요청한다. 동료의 불안전행동 개선 요청을 감사히 수용한다. ·오늘의 지적확인은 추락주의로 하겠음 ·지적확인 준비 추락주의 좋아!

특이할 만한 사항으로는 TBM 진행 순서를 알리는 게시판을 활용하여 근로자들이 TBM에 집중할 수 있도록 지원하고 있다. 특히 TBM 마무리 단계 시 별도로 마련된 안전약속을 제창한다. 그 내용은 다음과 같다. 나와 동료의 안전은 우리가 지킨다. 동료의 불안전행동을 정중히 중단 요청한다. 동료의 불안전행동 개선 요청을 감사히 수용한다.

나. SS건설(건설업)

유튜브에 공개된 2023년 2월 23일 SS건설 현장의 시공사와 협력사가 시행하는 TBM 실행 사례를 요약한 내용이다. TBM 시행 시간은 약 3분 25초이다.

구분	항목	내용
전체 근로자 대상 TBM	상호간 인사	공사와 직접 관계가 있는 시공사 소속 리더가 단상에 서서 당일 TBM 소개 및 상호가 인사 안내(리더 포함 수십 명 이상)
	건강 이상자 파악	·발열이 있거나 몸이 불편한 사람 확인
	개인보호구 지적확인	·안전모 및 턱끈 착용 상태는 좋은가? 좋아! ·복장상태는 좋은가? 좋아! ·각반 및 안전화 착용상태는 좋은가? 좋아!

	필수 안전기본수칙 준수 제창	·리더(용단 작업 시 소화기구 비치와 불티 비산방지 시설을 설치하며 절단기 분리 후 보관한다!). 근로자(분리한다!) ·리더(2 미터 고소 작업 시 안전망을 설치하고 안전벨트를 체결하며 지정된 통로를 이용한다!). 근로자(통로를 이용한다!) ·리더(밀폐공간은 통신 설비 지급과 감시인을 배치하고 산소, 유해가스 측정과 환기 시설을 설치한다!). 근로자(환기 시설을 설치한다!)
	작업사항과 안전관리 및 공지사항	·오후 작업 사항과 안전 중점관리 및 공지사항 안내 ·공동구 가시설 작업 사항 공지 ·Type-K 구간 2단 가시설 제작 설치 안내 ·위험요인은 용접 작업 시 비산 불티로 인한 화재임 ·소화기를 비치하여 안전작업 바람 ·오후 굴착 작업 사항 공지 ·관 추진 공사가 있고 추진관 부설 접합 작업 예정 ·위험요인은 크레인 관 하역 시 유도로프를 설치하여 주변 구조물의 충돌 방지 ·밀폐공간에 환기시설 설치하여 안전작업 바람 ·안전팀 공지사항 안내 ·장비작업으로 인한 위험 상존함 ·덤프 후진 시 다이크 잘 설치하여 충돌사고 방지 ·신호수 배치 철저. 구호 외치고 팀 별 TBM 시행 ·지적확인 준비 ·행동하는 안전으로 중대재해 제로 좋아!
협력업체별 소규모 TBM 실시	작업사항과 안전관리 및 공지사항	·시공사 리더가 TBM주관 ·작업 주요 내용 공지 ·Type-K 구간 12단 가시설 설치 ·띠장, 스티프너, 홈 메우기 제작으로 A등급의 위험임 ·작업장 하부 이동 시 이동 통로로 이동 ·중량물 인양 설치 예정으로 인양 줄걸이 파단으로 인한 낙하 위험 상존 ·건의사항 청취 ·안전팀 강조사항 ·공동구 가시설 고소작업 위험 상존 ·고소작업시 안전벨트 체결 바람
	안전구호 제창	·안전구호 외침 ·추락주의 좋아!

특이할 만한 사항으로는 시공사의 TBM 리더가 당일 모든 근로자를 대상으로 대규모 TBM을 시행한다. 특히 TBM 마무리 단계 시 별도로 마련된 필수 안전 수칙을 제창한다. 그 이후 협력업체별 소규모 TBM을 시행한다. 협력업체별 소규모 TBM시 시공사 소속의 감독자가 입회하고 작업과 관련한 위험요인을 공유한다.

다. E 건설(건설업)

유튜브에 공개된 2023년 8월 11일 E건설회사의 TBM 실행 사례를 요약한 내용이다. TBM 시행 시간은 약 3분 58초이다.

구분	항목	내용
Step-1	TBM 시작 및 건강상태 확인	· 리더가 당일 TBM 소개 및 상호 인사 안내(리더 포함 8명) · 발열이 있거나 몸이 불편한 사람 확인
Step-2	스트레칭 실시	· 목 운동부터 다리, 허리 등 스트레칭
Step-3	개인보호구 확인	· 보호구 착용상태 확인 · 2인 1조로 마주 선다 · 안전모 턱끈 상태 확인 · 안전벨트 고리 잠금상태 확인 · 안전화 상태 확인
Step-4	공도구 점검 실시	· 금일 사용 공도구 점검 · 리더(금일 공도구 점검은 홍길동 씨가 주관해 주세요) 근로자(알겠습니다!) · 작업 릴 점검하겠습니다(8월 공도구 점검 유무 좋아! 콘센트 이상 유무 좋아! 누전차단기 작동 여부 좋아! 피복 훼손 유무 확인 좋아!
Step-5	재해사례 전파	· 리더(최근 사고사례는 이순신 씨가 공유해 주세요) 근로자(알겠습니다!) · 이순신 근로자(최근 여수 소재 조선소에서 안전 난간이 설치되지 않은 이동식 비계 상부에서 용접 작업 중 1.5미터 하부로 근로자가 추락하여 사망한 사례가 있었음. 추락위험에 주의할 것)
Step-6	위험성평가 내용 공유	· 비계 상부에서 코킹 작업 및 바닥 잡철물 제거 작업 관련 위험요인을 상호 공유함 · 근로자 1(비계 상부에서 균형을 잃어 추락할 위험이 있으니 안전벨트의 안전고리를 걸어야 한다) · 근로자 2(컷쏘 작업 시 자상 위험이 있으니 자상방지 장갑을 착용한다)

휴먼 퍼포먼스 개선과 안전 마음챙김

		· 근로자 3(비계에 승인받지 않은 사람이 올라갈 수 있으므로 작업 후 시건장치를 함)
Step-7	비상상황 시 행동 요령	· 리더(금일 작업과 관련한 비상 집결지는 어딘가?) · 근로자(여자 기숙사 카페테리아 앞입니다) · 리더(작업 중지 상황이 존재할 경우 즉시 작업을 중지하고 관리자에게 보고한다)
Step-8	위험요인 발굴 및 제안사항	· 리더(안전과 관련한 제안사항을 공유 바람) · 근로자(현재 보유하고 있는 컷소 작업을 위한 자상방지 장갑이 훼손되어 재지급을 요청함) · 리더(즉시 재지급하겠음) · 근로자(작업 반경에 크레인 양중작업이 진행되므로 상하동시 작업의 위험이 있음) · 리더(금일 상하동시 작업은 없도록 조치하였음)
Step-9	안전구호 제창 및 마무리	· 리더(금일 작업에서 가장 위험안 포인트는 추락 위험임) · 리더(고소작업 시 추락방지 조치를 취해주시기 바람) · 리더(지적확인 준비) · 리더(추락주의 좋아!)

특이할 만한 사항으로는 TBM 진행 시 공도구를 점검하는 과정을 포함하고 있다. 개인 보호구 상태를 2인 1조로 확인하고 있다.

라. K 아연(제조업)

유튜브에 공개된 2023년 5월 29일 K 아연의 TBM 실행 사례를 요약한 내용이다. TBM 시행 시간은 약 3분 59초이다.

구분	항목	내용
Step-1	TBM 사전준비	· 작업 공정 별 위험성평가 실시
Step-2	건강상태 확인	· 개인별 건강상태 확인
Step-3	사고사례 공유	· 최근 발생한 사고 내용 확인 · 사고원인과 대책 내용 상호 확인
Step-4	개선제안	· 근로자(리프트 지붕에서 비가 새고 있음을 알림) · 리더(TBM 이후 현장 확인 및 개선 회신)
Step-4	작업내용/위험요인/절차/대책 공유	· 금일 리프트 작업에 대한 작업허가 내용 공유 · 7번 리프트의 와이어 교체 작업이 진행 중임을 공유.

		LOTO 시행되었음을 확인 · 리더(오늘의 위험 포인트는 홍길동 씨가 공유해 주겠습니다) · 홍길동(리프트 수리 작업과 관련 우천으로 미끄러울 수 있음) · 리더(오늘의 안전구호를 외치겠습니다) · 모두(안전은 실천이다!)
Step-5	TBM환류조치	· TBM결과를 TBM활동 일지에 기재

특이할 만한 사항으로는 해당 작업이 IT기반 안전작업허가서를 통해 해당 작업을 관리하고 있다.

마. H 솔루션(제조업)

유튜브에 공개된 H 솔루션의 작업 전 안전점검 회의 TBM을 효과적으로 시행하기 위한 카툰이다. H 솔루션이 제공한 TBM 동영상은 재생시간은 약 6분 37초이다.

구분	항목	내용
Step-1	사전준비	· 위험성평가 실시 · 해당공정 또는 유사 작업의 사고사례 · 작업현황 및 기타 전달사항 숙지
Step-2	실행	· 상호간 인사 · 스트레칭 및 건강 상태확인 · 보호구 및 공도구 점검/확인 · 작업절차 및 위험성평가 내용 공유 · 사고사례 및 비상대응 절차 안내
Step-3	확인 및 종료	· TBM 내용 숙지 확인 · 근로자 질문 접수 및 피드백 · 터치 앤 콜(Touch & Call) 및 마무리 · 우리의 안전은 우리가 지킨다 · 동료의 위험을 함께 확인한다 · 동료의 조언을 적극적으로 수용한다 · 추락주의 좋아!

특이할 만한 사항으로는 TBM을 효과적으로 시행하기 위한 카툰을 제작하여 배포하였다. TBM 설명 초기에 기억의 실험연구를 개척한 독일 심리학자 헤르만 에빙하우스의 망각에 대해서 설명하고 있다. 아무리 훌륭한 내용의 안전교육일지라도 시간이 지나면 잊어버리게 된다는 연구 결과를 기반으로 주기적인 TBM활동의 중요성을 강조하고 있다.

바. H 개발㈜(발전업)

유튜브에 공개된 2023년 H 개발㈜의 TBM 실행 사례를 요약한 내용이다. TBM 시행 시간은 약 3분 59초이다.

구분	항목	내용
Step-1	작업 전일	· 명일 작업사항 확인 · 위험성평가(JSA) 시행 · 중대재해예방 체크리스트 확인
Step-2	작업 당일-작업 전 회의(사무실)	· 스트레칭(국민체조 노래에 맞춰 시행) · 10대 안전수칙 제창 · 작업사항 전달(작업 전일 명일 작업사항 연계) · 안전사항 전달(위험성평가 및 중대재해예방 체크리스트 확인) · 안전구호 제창
Step-3	TBM(현장)	· 근로자 건강상태 확인 · 안전보호구 착용 확인 · 개인 별 작업내용 확인 · 작업 안전사항 공유 · 1분 명상 · 현장점검

TBM을 효과적으로 시행하기 위해 작업 전 명일 작업사항을 확인하고 위험성평가와 중대재해예방 체크리스트를 확인한다. 그리고 작업 당일 사무실에서 작업관련 사항과 위험요인 관련 사항을 효과적으로 공유한다. 마지막으로 현장에서는 사전에 준비한 작업계획 그리고 위험요인 개선과 관련한 내용을 재 확인하는 과정을 갖는다. 특이할 만한 사항으로는 TBM을 마치고 1분 동안 안전과 관련한 명상을 시행한다. 명상은 오늘할 일과 작업자의 모습, 위험요인과 위험 행동 그리고 안전조치, 안전하게 귀가하는 서로의 모습, 그리고 항상 나를 따뜻하게 반겨주는 가족 그리고 오늘도 안전하게 작업을 하겠다는 각오의 내용으로 구성되어 있다. 리더가 전술한 명상 내용을 읽고 근로자는

잠시 눈을 감고 안전 명상을 한다.

사. 안전보건공단 TBM 가이드

유튜브에 공개된 2023년 안전보건공단의 TBM 가이드를 요약한 내용이다. TBM 시행 시간은 약 5분 36초이다.

구분	항목	내용
Step-1	준비단계	· 건강상태 확인 · 작업 전 스트레칭 · 보호구 착용상태 확인
Step-2	위험확인 또는 예지 단계	· 당일 작업내용 공유 · 위험요소 확인 · 안전사고 예측 · 최근 유사 사고 사례 전파 · 비상 시 대처방법 설명 · 위험요소 개선 조치 및 안전대책 수립
Step-3	마무리 단계	· 최종 위험요소 및 예방대책 재확인 · 가족을 위한 안전다짐

11.3 TBM 시행 개선방안

고용부와 안전보건공단이 TBM시행과 관련한 이론, 중요성 및 시행방법 등을 가이드 라인과 동영상 등으로 제공하여 다양한 산업체는 쉽게 TBM을 시행할 수 있을 것으로 보인다. 무엇보다 위험성평가 시행에 머무르지 않고 그 내용을 TBM을 통해 근로자에게 생생하게 전달하여 근로자는 해당 위험을 인식할 수 있을 것으로 판단한다. 다만 고용 부와 안전보건공단이 강조하는 TBM의 중요성에도 불구하고 보완해야 할 사항도 있는 것으로 보인다. 전술한 고용부와 안전보건공단의 가이드라인과 TBM과 관련한 유튜브 사례 검토를 통해 개선방안을 제시한다.

(1) 타율적인 TBM

고용부와 안전보건공단의 TBM가이드라인에 따르면 사고를 예방하기 위해 자율적이 고 참여적인 TBM을 시행하는 것이 중요하다고 하였다. 하지만 다양한 업종이 시행하는

TBM 실행 사례를 검토해 본 결과 아직은 타율적이라는 것을 느낄 수 있다. 그 이유 중 하나는 근로자가 영상 촬영을 위해 미리 정해 놓은 시나리오를 읽고 있었다. 영상 촬영이 아니고 실제 운영 시 자율적이고 참여적인 위험요인 찾기와 위험인식을 잘할지는 의문이다. 그리고 위험에 대한 자유로운 대화가 아닌 리더가 명령하는 방식으로 운영되고 있었다. 이러한 타율적인 그리고 강압적인 방식의 TBM을 자율적이고 참여적인 활동으로 변화시키기 위한 별도의 대안이 필요하다.

(2) 분절된 TBM

작업 전 위험성평가 시행과 작업 내용 검토 등 작업을 위한 안전관련 사항을 사전에 검토하여 TBM을 통해 근로자에게 정보가 제공된다. 그리고 관련 정보를 통해 위험요인과 사고예방 조치 등을 상호 협의하고 인식하는 과정으로 TBM이 시행된다. 하지만 실제 작업 시행 중, 작업 내용 변경 시 및 작업 완료 시점에는 별도의 TBM을 시행하지 않는 것으로 보인다. 아무리 작업 전에 많은 안전관련 준비를 했다고 하여도 현장의 상황은 시시각각 변화됨에도 불구하고 작업 전에 시행하는 TBM 한 가지로 작업 과정 전체의 안전을 확보한다는 것은 한계가 있다고 본다. 예를 들어 사람은 지속적인 인지과정을 통해 분절되지 않는 행동을 한다. 아침에 일어나서 양치를 하고, 옷을 입고, 밥을 먹고, 출근을 하고, 운전을 하고, 대중 교통을 타고, 회사에 도착하고, 작업장에 도착하고, TBM을 하고, 작업을 하고, 휴식을 취하고, 점심을 먹고 그리고 작업을 완료하고 퇴근을 한다. 그리고 다양한 사회 활동과 휴식을 취하고 잠을 자고 다시 일어난다. 이러한 과정은 사람의 행동이 분절되지 않는다는 것을 의미한다. 그럼에도 불구하고 우리는 오직 작업 전 TBM에만 집중하여 위험을 찾고, 공유하고, 인식하고 구호를 외친다. 이런 TBM은 오직 작업 전 잠시 상기하는 분절된 위험인식 활동이라고 생각한다. 이러한 분절된 TBM이 지속적인 위험인식으로 이어질 대안이 필요하다.

(3) TBM이라는 용어 사용으로 인한 위험인식의 비효율성

TBM이라는 용어는 안전과 관련하여 그럴 듯하고 마치 만병통치 약처럼 보이는 것이 일반적이다. 특히 고용부의 중대산업재해 예방 전략에 있어 해결사와 같은 역할을 하는 것으로 작년부터 강조되어 왔다. 하지만 저자가 그동안 경험해 온 바에 따르면 TBM은 그저 근로자가 귀찮아 할 만한 일반적인 안전활동과 크게 다르지 않다. 더욱이 TBM이라는 용어는 작업전에만 하고 작업 중에 하지 않아도 되는 것으로 인식될 여지가 있다

(물론 고용부나 안전보건공단의 TBM 가이드는 작업 전 뿐만 아니라 작업 내용 변경 시에도 수시로 할 것을 권장하고 있는 것으로 보인다). 그리고 TBM은 2명 이상이 모여 시행하는 미팅으로 간주되어 작업 전 TBM에 참석한 근로자가 혼자서 작업 시에는 TBM을 시행하기 어려운 것으로 보인다. 또한 소규모 사업장, 서비스 지역 및 병원 등에서 근무하는 사람도 TBM을 시행해야 하는데 그 곳에는 별도의 공구를 보관하는 Tool Box가 없다. TBM은 공사를 주로 하는 사업장에만 시행되는 것으로 간주된다. 따라서 TBM이라는 용어를 Safety Talks이라는 용어로 변경할 것을 추천한다. 그 이유는 TBM이라는 용어보다 Safety Talks이라는 용어가 주는 새로움, 친밀감, 편안함, 한번 해 보고 싶은 마음을 갖도록 하는 동기 부여 등의 좋은 영향을 줄 것이라는 믿음 때문이다.

여기에 더해 Safety Talks을 안전 마음챙김에 포함하여 운영할 것을 추천한다. 그 이유는 해외에서 시행하고 있는 안전 마음챙김의 효과는 다양한 사업장에서 그 효과가 증명되었기 때문이다(물론 사업장 별 특수성에 따라 각기 다른 방식으로 진행된다). 안전 마음챙김은 가정, 사회 및 사업장에서 특정한 시간을 정해 놓고 하는 것이 아닌 지속적인 위험인식과 관련한 정신과정(mental processing)이다. 안전 마음챙김은 TBM과 같이 분절되지 않고 사업장을 포함한 우리 생활 전반에서 지속적으로 이루어질 수 있는 안전인식이 될 수 있기 때문이다.

11.4 Safety Talks의 필요성

Safety Talks 시행과 관련한 개요는 아래 표와 같다.

구분	Safety Talks
주기	매일 또는 필요시
기간	단시간(5-15분)
형태	비형식, 일반적으로 작업 현장에서 시행(사무실에서도 가능)
목적	현재 작업과 관련된 특정 주제에 대한 토론
주관	감독자, 조장, 근로자 본인 등
내용	특정 위험에 중점
목표	근로자의 위험인식과 안전관련 지식 업데이트 및 안전작업의 중요성 강조
대상자	해당 업무에 직접 관여하는 근로자
문서화	통상 문서로 남기지 않는 대화방식

휴먼 퍼포먼스 개선과 안전 마음챙김

미국 ABC성과 보고서에 따르면 매일 Safety Talks을 시행한 기업은 그렇지 않은 기업에 비해 기록가능한 사고율[80])이 약 82% 낮다는 연구 결과가 있다. Safety Talks은 안전한 작업 관행을 포함하여 작업과 관련된 주제에 초점을 맞춘 안전 회의이다. Safety Talks은 작업 전, 교대 근무 전, 작업 내용 변경 시 및 필요시 언제든지 시행할 수 있다. Safety Talks은 근로자, 계약자 및 팀 구성원에게 당일의 작업 세부 사항을 알리고 안전 절차를 강화하는 과정이다. Safety Talks은 주로 회사가 준비해 둔 유사 동종 사고사례 및 위험성평가 내역을 검토하는 단계로 이루어진다. Safety Talks과 같은 자유스러운 대화는 안전과 관련한 토론을 장려하고 좋은 안전 풍토를 촉진하는 역할을 한다.[81]) Safety Talks 시행은 아래에 열거된 바와 같이 다양한 장점이 있다.

(1) 안전풍토 조성에 도움이 된다.

Safety Talks은 안전에 대한 전사적 의지를 형성하는 데 도움이 된다. Safety Talks을 통해 회사의 안전정책과 공약이 일회성이 아니라는 것을 일선 근로자에게 직접적으로 전할 수 있다.

(2) 안전 의사소통을 위한 개방형 채널을 제공한다.

Safety Talks은 다양한 환경에서 정기적이고 공식적인 안전 토론을 위한 수단을 마련한다. 이 수단을 통해 관리감독자와 근로자는 자유롭게 안전과 관련한 다양한 내용을 공유하고 개선할 수 있다. 그리고 이 수단을 통해 잠재되어 있던 다양한 위험을 공론화하고 시기적절한 조치를 통해 사고를 사전에 예방할 기회를 제공한다.[82])

(3) 사고사례를 공유한다.

사고사례에 대한 배움은 우리가 실제 사고를 겪지 않고 교훈을 얻는 소중한 정보이다. 회사는 주로 자사 사고 사례나 타사 사고 사례를 e-mail 형태로 관리감독자나 근

---

80) TRIR(total recordable incident rate)은 기록가능한 사고 건수에 200,000시간을 곱한 값에 실제 근무한 시간으로 나눈 값.

81) Limble. (2023). How To Organize And Lead Effective Toolbox Talks. Retrieved from: URL: https://limblecmms.com/blog/toolbox-talk-guide/.

82) Labour Solutions Australia. (2022). The importance of implementing toolbox talks in the workplace. Retrieved from: URL: https://www.laboursolutions.com.au/blog/2022/01/the-importance-of-implementing-toolbox-talks-in-the-workplace?source=google.co.kr.

로자에게 전달한다. 이러한 사고 사례는 사고발생 상황, 근본 원인 및 개선 방안 등이 포함된다. 하지만 이러한 사고 사례에 대한 당해 근로자들의 생각은 내가 하는 작업과는 무관하거나 관계가 멀다고 생각하는 경우가 많이 있다. 이러한 사유로 근로자는 그러한 사고 사례에 별로 관심을 두지 않는 것이 일반화된 상황이다. 때로는 해당 사고가 근로자들의 작업과 유사하더라도 그 사고는 자신에게는 일어나지 않을 것이라는 가정하에 별로 관심을 두지 않는 것이 일반적이다. 여기에서 더 큰 문제는 영세한 업체의 경우 관련 사고 사례를 근로자에게 공유하지 않는 경우이다.

Safety Talks은 사고 사례를 서로 공유하고 어떤 시사점이 있었는지 검토하는 중요한 과정이다. 여기에서 중요한 점은 해당 작업과 관계가 없더라도 해당 사고의 시사점을 간파하여 좋은 교훈으로 삼아야 한다는 것이다. 그러기 위해서는 사고 사례를 전파하는 사람이 해당 사고에 대해서 잘 알고 있어야 한다.

(4) 사고예방의 효과가 크다.

근로자가 작업 전 서로 모여(또는 온라인상으로 모여) 서로의 건강과 안전을 걱정해 주는 가장 쉽고 좋은 방법은 바로 Safety Talks을 시행하는 것이다. Safety Talks은 별도의 교육장이나 시각적 또는 청각적 교육 보조재가 반드시 필요하지 않은 비용대비 효과가 좋은 사고 예방이다. 무엇보다 중요한 사실은 Safety Talks이라는 좋은 사고예방 활동을 그저 회사나 조직이 시켜서 하는 강제적인 방식으로 운영하기보다는 모든 근로자가 자발적으로 참여하는 것이 중요하다.

(5) 경영층의 안전의지를 전달할 수 있다.

다음 사진은 저자가 다녔던 예전 회사의 CEO가 현장 Safety Talks에 참관하고 있는 모습이다. 당시 CEO는 공사현장에 들러 근로자들이 아침 작업전에 시행하는 Safety Talks에 동참하였다. 그는 당일 어떤 위험이 존재하고 어떤 사고예방 조치를 하는지 근로자들에게 직접 여쭤어 보셨다. 그리고 힘든 환경에서도 묵묵히 업무를 하는 여러 근로자들을 칭찬하셨다. 당시 CEO가 직접 현장에 방문하는 일도 파격적이었지만, 근로자와 함

사진의 가운데 키가 큰 분이 CEO고 그 우측에 있는 분은 저자를 동생처럼 아껴주셨던 안전팀장이다.

휴먼 퍼포먼스 개선과 안전 마음챙김

께 Safety Talks를 한다는 것은 더욱 파격적이며 그의 높은 리더십 수준을 보여주었다.

(6) 위험인식을 강화할 수 있다.

작업현장의 환경은 수시로 변하고 제한된 시간에 공사나 작업을 마쳐야 하는 등의 여러 조건이 존재하므로 근로자의 위험인식은 사고 예방에 있어 무엇보다 중요하다. 연구에 따르면 근로자가 고의로 불안전한 행동을 하기보다는 위험인식 수준이 낮기 때문에 불안전한 행동을 하는 경우가 많다고 알려져 있다. Safety Talks을 통해 근로자는 작업에 존재하는 위험을 인식하고 동료에게 좋지 않은 영향을 줄 위험을 공유할 수 있다.

(7) 안전절차를 강화할 수 있다.

Safety Talks을 통해 회사의 안전절차를 강화할 수 있다. 회사에 존재하는 다양한 위험요인에 대한 사전적인 위험성평가를 통해 만들어진 다양한 안전절차는 주로 문서 형태로 보관된다. 그리고 이러한 문서는 매우 방대해서 모든 내용을 다 알기도 어려울 수 있다. 그리고 어떠한 경우에는 규정된 안전절차를 모두 준수하기도 어려운 상황이 상존한다. 따라서 안전절차를 현장에 효과적으로 적용하기 위해서는 안전절차가 요구하는 내용과 현장의 상황을 잘 비교하여 검토하는 것이 필요하다. Safety Talks은 이러한 비교와 검토를 할 수 있는 기회를 제공한다. Safety Talks을 통해 감독자와 근로자는 안전절차의 핵심 내용을 검토하고 작업에서 어떠한 방법이나 방식으로 적용할지 여부를 검토할 수 있다.

(8) 근로자의 사기를 진작할 수 있다.

Safety Talks은 경영층이 근로자의 안전에 관심을 갖고 있음을 보여주는 활동이다. 경영층이 근로자의 안전을 중요하게 생각하면 근로자는 자신의 업무에 동기부여를 하면서 보다 안전한 작업을 할 가능성이 크다. Safety Talks을 통해 사업장의 다양한 위험요인이 공유되고 개선된다는 것을 근로자가 느낄 때 근로자의 사기는 높아질 것이다.[83]

(9) 안전 책임의식을 고취할 수 있다.

Safety Talks을 통해 관리자, 감독자 그리고 근로자의 안전 책임의식을 고취할 수 있

---

83) Hseblog.com. (2023). What Is Toolbox Talk and Why Toolbox Talks Are Important? Retrieved from: URL: https://www.hseblog.com/toolbox−talk−important−organisation/#google_vignette.

다. Safety Talks을 참석한 사람들은 안전 규칙 및 규정 준수의 중요성에 대해 논의하고 모든 사람이 사고 및 부상을 예방하는 데에 역할이 있다는 점을 공유할 수 있다. 그리고 정해진 규칙과 절차를 적용하는 데 있어 어려움이나 지원사항을 공유할 수 있다.

(10) 생산성을 향상시킬 수 있다.

Safety Talks을 통해 위험을 효과적으로 관리하여 사고를 예방한다는 것은 곧 생산을 지속하면서 가동 중지가 없는 것을 의미한다. 그리고 사고로 인한 근로손실을 줄일 수 있다는 것을 의미한다. 근로자가 자신의 안전이 최우선 순위라고 느낄 때 동기 부여와 참여를 더 많이 느낄 가능성이 높다. 이를 통해 생산성이 향상되고 작업 품질이 향상될 수 있다. 또한 작업자가 안전하게 작업하도록 교육을 받으면 장비나 자재가 손상될 가능성이 줄어들어 지연 시간과 가동 중지 시간이 줄어들 수 있다. 이를 통해 생산성을 더욱 높이고 손상된 장비의 수리 및 교체 비용을 줄일 수 있다.

11.5 Safety Talks 운영 시 고려사항

(1) Safety Talks 시행 장소 및 시간 공지

Safety Talks은 사무실과 현장 등 모든 곳에서 시행할 수 있다. 다만 소음과 기타 방해가 없는 지역에서 시행하는 것이 좋다. Safety Talks 시행과 관련한 정해진 시간은 별도로 없다. 사업장 특성에 따라 시행 시간은 유연적으로 적용할 수 있다. 해외와 국내의 상황을 살펴보면 대략 짧게는 5분 길게는 15분 정도가 소요되는 것으로 보인다.

Safety Talks은 사업장 상황에 따라 주기를 달리 할 수 있다. Safety Talks은 매일 시행하는 것을 기본으로 하되 상황에 따라 핵심 내용을 길게 또는 짧게 하는 방식을 추천한다.[84]

Safety Talks 시행 장소와 시간을 사전에 확인하고 대상자들에게 정확한 정보를 사전에 제공한다. 그리고 Safety Talks 진행을 맡을 리더를 미리 지정한다. 가급적 Safety Talks을 시행할 리더는 매번 변경하여 시행할 것을 추천한다.

(2) Safety Talks 참여 대상자 결정

일반적으로 작업과 관련이 있는 모든 사람이 Safety Talks에 참여할 것을 추천한다.

---

84) SASKATCHEWAN Construction safety association. (2024). Toolbox Talks. Retrieved from: URL: https://scsaonline.ca/resources/tool-box-talks.

그 이유는 현장에는 직접 작업을 수행하는 근로자가 있고, 그리고 현장에서 직접 작업을 하지 않는 지원근로자가 있기 때문이다. 만약 작업을 지원하는 근로자가 Safety Talks에 빠지면 작업과 관련한 전반적인 커뮤니케이션에 문제가 생기기 때문이다.

(3) 구체적이고 관련 있는 주제 선택

Safety Talks은 우리가 생각하는 안전교육과는 거리가 있다. 안전교육은 다양한 주제를 정해진 시간에 공유하는 과정이다. 하지만 Safety Talks은 단시간 내 시행하는 안전과 관련한 대화이므로 주요 핵심 내용을 위주로 시행되어야 한다. Safety Talks에 포함되는 내용에는 작업과 관련한 떨어짐과 넘어짐, 감전과 화상, 유해인자, 끼임, 충돌과 절단, 화재폭발 및 근골격계 등의 위험이 포함된다. 그리고 정리정돈, 청소, 사고보고 및 안전표지와 관련한 내용을 포함할 수 있다. Safety Talks은 단일 주제를 빠르게 인식하고 복습하여 위험인식을 최신 상태로 유지하는 것이다.[85],[86]

(4) Safety Talks 운영방법 검토

Safety Talks은 대면으로 시행하는 것을 원칙으로 한다. 다만, 사업장이 각기 분리되어 있고 소수의 인원들로 구성되어 작업을 수행할 경우 별도의 유인물을 제공하거나 온라인(다자간 통화, Zoom 및 Webex 등 활용)으로 시행하는 방법을 검토해 볼 수 있다.[87]

(5) 성공적인 Safety Talks 시행 방안

- Safety Talks 시행은 짧게 핵심을 공유한다. 시간은 대략 5~15분 정도로 한다.
- 당일 수행되는 작업과 관련된 핵심 요인에 집중한다.
- 질문을 하거나 안전한 작업 관행을 보여줌으로써 근로자의 참여를 유도한다.
- 현장이나 작업 조건의 변경 사항을 반드시 공유한다.
- 근로자가 자신이 사용할 도구, 장비 및 안전보호구를 검사하도록 한다.
- 자유로운 상황에서 질문과 답변 등 대화를 유지한다.[88]

85) HASpod. (2020). What is a Toolbox Talks. Retrieved from: URL: https://www.haspod. com/blog/toolbox−talks/what−is−a−tool−box−talk.

86) Weeklysafety.com. (2024). ALL ABOUT TOOLBOX TALKS: YOUR QUESTIONS ANSWERED. Retrieved from: URL: https://weeklysafety.com/blog/toolbox−talks.

87) Jack Lyons (2023). How to Organize and Deliver an Effective Toolbox Talk. Retrieved from: URL: https://fluix.io/blog/how−to−run−effective−toolbox−talk.

88) Construcconnect (2023). Toolbox Talks and the Importance of Safety Meetings in Construction. Retrieved from: URL: https://www.constructconnect.com/blog/importance

12. SLAM(Stop, Look, Assess & Manage) 검토

영국 안전보건청(HSE)이 2015년 발간한 리더십과 근로자 참여 적용방안(LWIT, Case studies to demonstrate the practical application of the Leadership and Worker Involvement Toolkit)에 언급된 Archbell Greenwood Structures(ASG)회사의 실행사례 중 SLAM(중지 Stop, 조사 Look, 평가 Assess & 관리 Manage, 이하 SLAM)이라는 활동이 소개되었다. 이 회사는 효과적인 Safety Talks 시행을 위하여 근로자 참여에 대한 조치(2단계), 위험 관리에 근로자 참여(3단계), 안전 브리핑 및 소개를 위한 효과적인 의사소통(4단계) 및 중지, 조사, 평가 및 관리(SLAM) 기술(6단계)를 안내하였다. 이와 관련하여 해외의 탄광안전(Mining Safety)이 발간한 SLAM인 무재해를 만듭시다(Making zero incidents a reality through SLAM)에서 안내된 내용을 소개한다.

SLAM의 i) 중지(stop)는 그렇게 작업을 빨리 하지 않아도 된다는 의미, 잠시 상황을 멈추고 작업의 각 단계를 살펴본다, 지금 하는 일이 새로운 일인지 묻고, 업무의 변경을 되묻고, 이 작업을 언제 마지막으로 했는지 묻고, 지금의 일이 편안한지 묻고 그렇지 않다면 작업을 중지할 것을 권고하고 있다. ii) 조사(look)는 항상 잠재적인 위험이 있는지 작업 지역을 조사한다는 의미가 있다. 그리고 작업 시작 전, 작업 도중, 작업 완료 후에 시행한다는 의미, 각 작업 단계의 위험을 식별한다는 의미 그리고 잠재적인 위험과 관련한 대책을 수립하고 평가한다는 의미가 있다. iii) 평가(Assess)는 작업을 안전하게 수행하기 위한 지식, 기술, 훈련 및 도구를 갖추고 있는지 확인하는 과정이다. 작업을 안전하게 수행하기 위해 무엇이 더 필요한지 평가 그리고 교육이나 훈련이 필요한 경우, 훈련을 받을 때까지 해당 작업을 수행하지 않는다는 의미가 있다. iv) 관리(manage)는 허용할 수 없는 위험(intolerable risk)을 허용할 수준(tolerable risk)으로 만들기 위해 위험을 제거하거나 최소화하기 위한 적절한 조치를 취하는 것을 의미한다. 적절한 장비를 사용과 유지관리, 예상치 못한 일을 확인, 계획되지 않은 사안 해결 및 미래 계획 수립 및 검토한 내용을 동료와 공유하는 것을 포함한다.[89],[90]

－safety－meetings－toolbox－talks－construction.

89) HSE. (2015). Case studies to demonstrate the practical application of the Leadership and Worker Involvement Toolkit. Retrieved from: URL: https://www.hse.gov.uk/research/rrpdf/rr1067.pdf.

90) MININGSAFETY. (2021). Making zero incidents a reality through SLAM. Retrieved from: URL: https://www.miningsafety.co.za/making－zero－incidents－a－reality－through－slam/.

13. SMART(Stop, Measure, Act, Review & Train) 검토

전술한 SLAM과 유사한 방식으로 SMART(중지 Stop, 측정 Measure, 행동 Act, 검토 Review & 교육 Train)를 적용할 수 있다. i) 중지(stop)는 작업의 각 단계를 분리하고 과거 및 잠재적인 사고, 부상 및 위반 사항을 식별한다. ii) 측정(measure)은 작업과 관련된 위험 및 위험으로 인해 부상을 초래할 수 있는 장벽을 평가한다. iii) 행동(act)은 허용할 수 없는 위험(intolerable risk)을 허용할 수준(tolerable risk)으로 만들기 위해 위험을 제거하거나 최소화하기 위한 적절한 조치를 취하는 것을 의미한다. iv) 검토(review)는 작업 현장을 자주 방문하여 작업 관행을 관찰하고 사고, 부상 및 위반 사항을 점검하여 근본 원인을 파악하는 것이다. v) 교육(train)은 인적오류 개선과 안전교육 계획을 수립하고 근로자를 참여시키는 의미가 있다.

 안전 마음챙김 시행 가이드라인

전술한 TBM 시행 개선방안의 일환으로 저자가 추천하는 안전 마음챙김(Safety mindfulness)을 적용하기 위한 가이드라인을 설명한다. 안전 마음챙김(safety mindfulness) 시행 가이드라인은 본 책자가 전술한 인적오류(human error) 개선, 마음챙김(mindfulness), 안전 마음챙김 시행준비, TBM, Safety Talks 및 SLAM 등의 내용을 검토하여 근로자가 안전 마음챙김을 지속적으로 할 수 있도록 지원한다. 안전인식을 지속적으로 하는 데 도움이 되는 실행 방안으로 구성되어 있다.

Step-1. 사전준비

1.1 상호간 인사

안전 마음챙김은 상대방을 존중하고 근로자의 자율적인 참여를 기반으로 하므로 상호간의 인사는 중요하다. 모든 근로자가 서로를 존중한다는 마음가짐을 갖고 배려한다.

1.2 건강상태 확인(음주, 약물, 컨디션 등)

근로자의 건강상태는 인적오류 유발과 불안전한 행동을 유발하는 기본적인 요인이다. 전 날 음주를 한 사람, 피로가 누적된 사람, 질병에 걸린 사람 그리고 약물 복용으로 인해 부정적인 건강상의 위험이 존재할 수 있다. 리더는 사람들의 건강상태를 사전에 확인하고 근로자 개인의 건강상태를 정중히 문의해야 한다. 만약 건강상의 문제가 있다면 근로자에게 불이익이 가지 않도록 업무를 조정하는 것이 필요하다.

1.3 스트레칭

사업장 상황에 따라 국민체조 음악을 틀어 놓고 스트레칭을 하는 방법도 있고 근로자 스스로 목, 어깨, 허기, 다리 및 발 순서로 자발적으로 스트레칭을 하는 방법도 있다. 사업장 상황에 맞게 적절한 스트레칭을 시행할 것을 추천한다.

1.4 보호구 착용상태 확인

당일 작업과 관련한 위험성평가를 기반으로 어떠한 보호구가 필요할 지 검토한다. 사업장 상황에 따라 안전모, 안전화, 안전벨트, 보안경 및 화학복 등 적절한 보호구를 선정한다. 그리고 해당 안전보호구의 적합 상태를 사전에 확인하는 과정이 필요하다.

1.5 작업내용 공유

당일 작업과 관련한 작업내용을 근로자에게 공유한다. 그리고 간섭이 있거나 동시작업이 이루어질 경우 해당 작업을 적절히 조율한다. 특히 급히 처리해야 하는 돌발 작업이 있을 경우 해당 작업으로 인해 영향을 받을 수 있는 근로자에게 적절하게 공유하여야 한다.

1.6 비상대응 안내

당일 작업과 관련한 위험성평가를 기반으로 비상상황 시 사용할 비상대피로, 집결지,

비상 시 해야 할 일 등을 간략히 핵심위주로 설명한다.

Step-2. 작업 전 SAFE 절차 시행(Group-Safety Talks)

2.1 위험성 평가를 기반으로 SAFE 절차 시행

당일 작업과 관련한 사전에 마련된 위험성평가 내역을 공유한다. 작업 단계별 주요 위험과 대책을 모든 근로자가 인식할 수 있도록 지원한다. 그리고 사전에 준비한 SAFE 슬라이드(본 책자의 제3장 안전 마음챙김의 III. 안전 마음챙김 시행 준비의 3. SAFE절차 개발 참조)를 준비하여 모든 근로자가 SAFE절차를 시행할 것을 추천한다. SAFE 절차는 SAFE 슬라이드를 참조하여 위험성평가를 통한 해당 위험요인에 대한 조사(Scan), 분석(Analyze), 확인(Find hazard) 및 위험인식을 강화(Enforcement)하는 과정이다. 리더는 SAFE 절차를 시행하면서 근로자가 해당위험을 인식할 수 있도록 배려한다(지적확인[91]).

2.2 해당 작업과 관련한 사고사례 공유

해당 작업이나 유사 동종 사고 사례를 사전에 준비하여 모든 근로자에게 공유한다. 특히 SAFE절차 시행 시 사고 사례를 적절하게 활용하면 근로자의 위험인식 수준이 높아질 수 있다.

2.3 호흡운동 시행

호흡운동은 우리가 통상적으로 생각하는 명상 호흡을 의미하는 것은 아니다. 따라서 별도의 명상을 위한 장소를 지정하지 않아도 된다. 안전 마음챙김에서의 호흡은 시간과 장소를 불문하고 근로자 스스로 자유롭게 시행하는 것을 의미한다. 호흡을 하는 방법을 배운다면 호흡 운동은 오랜 시간이 걸리거나 어려운 일이 아니라는 것을 알 수 있다. 숨이 들어오고 나가는 것에 주의를 기울이는 것만으로도 뇌가 이완되고 중심을 잡는 데 도움이 된다. 업무를 시작하기 전 수분 동안 호흡에 집중하면 주의력이 상승될 수 있다.

---

91) 일본 국철의 운전자가 기차 플랫폼의 진입과 출발 시 사람의 안전을 확보하기 위하여 시작된 오감을 활용한 동작이다. 사람의 주의력을 높이기 위하여 고안된 방법으로 지적호칭이라고도 불린다.

호흡운동(가급적 눈을 잠시 감고 시행)은 오늘 할 일과 작업자의 모습, 위험요인, 안전한 행동, 불안전한 행동, 가족의 모습 및 동료의 모습 등을 회상한다. 리더가 전술한 항목을 기반으로 다양한 시나리오를 구성해서 근로자에게 공유한다. 근로자는 리더가 읽는 시나리오를 들으면서 호흡운동을 할 것을 추천한다.

※ 만약 홀로 작업을 할 경우, Step-2와 Step-3를 병행하여 시행한다.

Step-3. 작업 전 SAFE절차 시행(Self-Safety Talks)

근로자가 작업 현장에 도착해서 작업에 들어가기 전 잠시 업무를 멈출 것을 권장한다. 그 이유는 잠시의 심호흡으로 근로자 자신을 둘러싼 물건, 상황, 환경 등에 대해 잘 알아차리기 위한 목적이다. 안전 마음챙김 없이 습관적으로 업무를 시작하는 것은 다양한 위험을 유발한다. 작업을 시작하기 전 i) 잠재적인 유해위험 요인의 존재 여부를 확인한다. ii) 근로자는 자신이 안전한 작업을 할 준비가 되어 있는지 다시 한번 확인한다. iii) 근로자는 자신이 사용해야 할 도구나 장비를 미리 확인한다. 그리고 작업을 진행하는 과정에서 추가적인 위험을 발견하였다면 즉시 작업을 중지하고 SAFE 절차를 시행한다.

5×5 뒤로 물러서기 방안을 시행하는 것을 추천한다. 이 방안은 새로운 일을 시작하기 전 근로자는 기본적으로 다섯 걸음 뒤로 물러서서 무엇이 잘못될 수 있는지 확인하고 어떻게 하면 안전할지 생각하는 데 5분의 시간을 투자하는 것이다.[92]

Step-4. 작업 중 SAFE 절차 시행(Self-Safety Talks)

근로자는 주어진 환경에서 또 다른 일을 위해 복합적인 판단을 해야 하는 경우가 많이 있다. 이런 경우 복잡한 판단을 가급적 피하고 한 곳에 집중하는 것이 필요하다. 마음이 방황하기 시작할 때 다시 한번 마음을 집중한다. 집중은 우리가 안전 마음챙김을 할 수 있도록 인도한다. 작업을 진행하고 있는 동안에도 자신을 둘러싼 다양한 환경을 살펴보고 다르거나 새로운 것이 무엇인지 알아차려야 한다. 우리의 모든 감각을 고도로 활용하여 위험을 알아차리는 것이다.

우리는 주변 환경을 인식하는데 필요한 다양한 감각을 갖추고 있다. 하지만, 이러한 감

---

92) Smith, M. G. (1997). Esso Australia's approach to safety management. *The APPEA Journal*, *37*(1), 672-681.

각은 바쁘거나 주의를 기울이지 않을 때 쉽게 무효화될 수 있다. 따라서 우리의 모든 감각을 활용한다면, 우리 주변에서 일어나는 일을 더 잘 인식하고 더 안전한 작업을 만들 수 있다. 이러한 과정을 통해 우리는 마음놓침에서 안전 마음챙김으로 전환하는 연습을 할 수 있다. 이러한 과정은 SAFE절차를 습관화할 때 비로소 발현되는 특징이 있다.

Step-5. 작업 완료 후 SAFE 절차 시행(Self-Safety Talks)

작업을 거의 마무리하는 단계 그리고 작업을 완료한 단계에도 상당한 위험이 존재한다. 작업 전 그리고 작업 중 안전 마음챙김을 했다고 해서 끝나는 것은 아니다. 이제 또 다른 안전마음 챙김을 준비할 단계인 것이다. 작업장을 정리정돈하고 청소하는 일에도 안전 마음챙김을 지속 유지해야 한다. 그리고 자재를 정리하고 일을 마감하는 단계에서도 안전 마음챙김은 유지되어야 한다. 작업을 완료하고 동료들과 안전한 모습을 볼 때에도 그리고 안전한 귀가를 하고 가족을 만나 생활을 할 때에도 안전 마음챙김은 지속되어야 한다. 그리고 잠을 자고 일어나는 순간까지도 안전 마음챙김은 지속되어야 한다.

Step-6. 환류조치

6.1 관리감독자 순회 점검 시 안전 마음챙김 확인

안전 마음챙김은 회사의 안전풍토 수준과 긴밀한 관계가 있다고 생각한다. 안전풍토를 기반으로 하는 안전문화가 있는 조직은 경영층이 일선 근로자의 안전을 최우선의 가치로 생각한다. 그리고 그 가치는 안전보건 정책 공포와 다양한 안전관련 프로그램을 운영하는 데 있다. 그리고 현장의 위험을 교육이나 절차 수립에 비중을 두는 대신 위험을 제거, 대체 및 공학적 조치를 먼저 고려한다. 이러한 안전문화는 관리감독자가 근로자의 안전을 중요한 덕목으로 생각하게 하는 동인이 된다. 이에 따라 관리감독자는 안전 마음챙김에 따라 소속 근로자가 실제 SAFE절차를 시행하고 있는지 그리고 위험을 효과적으로 대처하고 있는지 주기적인 점검이 필요하다. 작업을 하는 소속 근로자는 현장에서 관리감독자를 보고 처음에는 경직된 모습이나 어려움을 토로할 가능성이 있다. 하지만 이러한 과정이 자주 있다 보면 근로자는 긍정적인 태도를 갖게 되고, 관리감독자에게 현장의 다양한 위험요인을 개선해 줄 것으로 요청할 가능성이 높다. 따라서 관리감독자는 현장 점검 시 근로자의 안전 마음챙김 이행을 점검하고 근로자의 긍정적인 태도와 행동에 대한 감사의 표시를 해야 한다.

6.2 안전 마음챙김 강화

안전 마음챙김은 단시간에 큰 효과를 보기는 어렵다. 어느 정도의 시간을 갖고 근로자의 자발적인 참여를 지속적으로 유도해야 한다. 이러한 목적을 달성하기 위해서는 적절한 보상이 필요하다. 예를 들면 매일 근로자에게 작업 전, 작업 중 그리고 작업 완료 후 안전 마음챙김을 실행했는지 여부를 묻는다. 만약 근로자가 안전 마음챙김을 실행했다고 하면 그에 상응하는 보상(크지는 않지만 의미가 있는 보상-칭찬, 안전 마일리지에 안전 마음챙김 실행 포함 등)을 주는 것이 좋다. 만약 근로자가 안전 마음챙김을 실행하지 않았더라도 실행했다고 답을 할 가능성이 있다. 하지만 중요한 사실은 그들이 안전 마음챙김을 지속하도록 하는 것이 목적이므로 설령 거짓으로 답을 했다고 해도 무방하다. 그들은 설령 거짓으로 안전 마음챙김을 했다고 답을 했어도 다음에는 실제 안전 마음챙김을 할 가능성이 있기 때문이다.

이상과 같이 살펴본 안전 마음챙김 가이드라인을 기반으로 다양한 현장의 안전전문가, 안전과 관련한 대학의 교수 및 기관의 사람들이 보다 효과적인 안전 마음챙김을 시행할 방안을 마련해줄 것을 바란다.

별첨

위험성평가의 현실과 개선방안

위험성평가의 현실과 개선방안

1. 위험성평가의 현실

(1) 위험성평가의 실효성 미흡

해외의 위험성평가 제정과 운영 현황을 살펴보면, 1974년 영국의 산업안전보건법에 규정된 사업주의 의무조항이 위험성평가제도에서 요구하는 내용과 유사하기 때문에 가장 먼저 위험성평가제도의 기본원리를 제도화했다고 볼 수 있다. 이후 1976년 이탈리아에서 발생한 염소가스와 다이옥신 누출사고(3,700여 명 사망)를 계기로 유럽연합은 1982년 세베소 지침(Seveso-Richtlinie)을 만들었다. 1992년 유럽의 기본지침(the Framework Directive 89/391/EEC)이 수립되면서 사업주의 위험성평가 실시 의무가 포함되어 유럽연합 각국에 위험성평가가 본격적으로 보급되게 되었다. 1996년 독일은 유럽연합의 기본지침을 수용한 산업안전보건법(ArbSchG)을 제정하고 관련 법령을 정비함으로써 위험성평가제도의 방식을 전면적으로 도입하였다.

1990년 후반부터 ILO, ISO, IEC 등 국제기구는 위험성평가를 국제안전규격의 가장 중요한 기준으로 정하기에 이른다. 2006년 일본은 2006년 4월에 노동안전위생법을 개정하여 위험성 또는 유해성 등의 조사 등(위험성평가)의 실시를 노력의무형태로 신설하였다.

고용부는 2009년 2월 산업안전보건법을 개정하여 사업주의 위험성평가 실시에 대한 법적 근거를 마련하였다. 2012년 사업장 위험성평가에 관한 지침 제정, 2013년 산업안전보건법에 별도의 법조항을 신설하여 제도 도입, 2014년 제도의 현장 작동성 강화를 위해 위험성평가를 안전보건관리책임자 등의 구체적 업무로 규정하고, 업무 미수행 시 시정명령 및 과태료(500만원 이하)를 부과할 수 있는 근거규정 신설, 2019년 유해·위험요인 파악 및 위험성 감소대책 수립·실행 단계에 근로자가 참여하도록 하는 의무규정을 신설하였다.

고용부는 2023년 사업장 위험성평가에 관한 지침을 대폭 개정하기에 이른다. 개정내용의 주요 골자는 i) 위험성평가 고시의 목적을 산업재해를 예방하기 위함으로 구체화, ii) 부상·질병의 가능성과 중대성 측정 의무규정을 제외하고, 위험요인 파악 및 개선대책 마련에 집중하도록 재정의, iii) 빈도·강도를 산출하지 않고도 위험성의 수준을 판단할 수 있도록 개선하고 체크리스트, OPS 및 3단계 판단법 등 간편한 방법 제시, iv) 상시적인 위험성평가가 이루어지도록 개편[사업장 설립 이후 1개월 이내 위험성평가(최초 위험성평가), 기계·기구 등의 신규 도입·변경으로 인한 추가적인 유해 위험요인에 대해 실시(수시 위험성평가), 매년 전체 위험성평가 결과의 적정성을 재검토(정기 위험성평가)하고, 필요시 감소대책 시행, 월 1회 이상 제안제도, 아차사고 확인, 근로자가 참여하는 사업장 순회점검을 통해 위험성평가를 실시(상시 위험성평가)]하고, 매주 안전·보건관리자 논의 후 매 작업일마다 TBM을 실시하는 경우 수시·정기평가 면제 등 평가방법 다양화, v) 위험성평가 모든 과정에 근로자 참여, vi) 위험성평가 결과 전반을 근로자에게 공유 및 TBM을 통한 확산 노력규정 신설 등이다.

고용부가 위험성평가와 관련한 법 개정을 수 차례 이상 시행한 이유가 무엇일까? 그 이유는 피상적으로 위험성평가가 잘 되어가고 있는 것처럼 보였지만, 사실은 한국이 위험성평가를 제도화한 2012년부터 작년까지 매년 800명 이상이 사고로 인해 사망하고 있기 때문이다. 그리고 사고사망만인율은 0.4~0.5 수준에서 정체되어 있기 때문이다. 이러한 사망사고 건수와 사망만인율이 보여주는 지표는 국내의 많은 사업장이 위험성평가를 적절하게 시행하지 않고 있거나, 피상적으로 시행하고 있다는 방증이다. 이에, 전술한 문제를 개선하기 위해 고용노동부는 2023년 위험성평가 내용을 전면 개정하여 공포하기에 이른다.

개정내용을 보면 중소업종에서 쉽게 적용하기 위한 방식의 위험성평가 방법 등도 제공하고 있지만, 본질적인 대안으로 보기에는 어렵다. 그 이유는 위험성평가는 사업장에 존재하는 유해위험요인을 효과적으로 찾고, 해당 위험을 제거, 대체, 공학적 대책, 행정적 조치 및 보호구 사용 등의 위험성감소 조치를 시행하는 활동으로 사업주가 관심을 갖고 일관성 있는 실행이 담보되어야 하는 시스템적인 접근이 필요한 활동이기 때문이다.

저자가 생각하는 국내의 위험성평가 시행은 여러 문제가 있다고 생각한다. 그 내용으로는 사업 전체를 조망하지 못하는 위험성평가(분절된 위험성평가 시행), 위험성 감소조치의 효과가 낮음, 집중화된 관리로 인해 효과적이지 못한 위험성평가 시행 및 현재의 위험분석 방법론으로는 변동성 파악이 어려운 현실 등이다.

(2) 사업 전체를 조망하지 못하는 위험성평가(분절된 위험성평가 시행)

가. 본사 조직과 사람에 의해 인적오류 발생

본사에 있는 경영층은 사업장의 안전과 위험 상황을 결정할 수 있는 막강한 권한을 갖고 있다. 본사는 사업장 책임자와 관리자의 인사권을 갖고, 다양한 명령과 좋은 결과를 요구하는 것이 일반적이다. 이때 사업장 책임자나 관리자는 본사의 명령을 거스르거나 좋지 않은 결과를 보이면, 심각한 인사 결정을 받기도 한다. 이러한 권력거리 (power distance)를 기반으로 하는 본사와 사업장 간의 업무 방식에 따라 사업장은 때때로 불안전한 결정을 할 수 있다. 그 이유는 본사가 자원확보, 공사 기간 확보, 인원 투입 및 각종 투자와 관련한 권력을 갖고 있기 때문이다. 이에 따라 사업장과 근로자는 주어진 환경에서 효율과 안전을 번갈아 가면서 선택과 집중을 한다. 이러한 조건은 사람의 오류를 유발하는 주요 요인이다. 아래 그림은 전술한 조건들이 근로자에게 영향을 주는 모습을 그린 것이다.

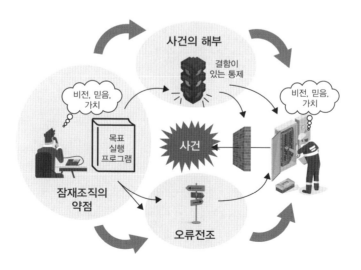

나. 지식기반 근로자의 오류 상존

본사나 사업장 외부에 있으면서 제품이나 시설을 설계하는 사람을 지식기반 근로자라고 칭한다. 이들은 주로 국가법규, 경험, 관행 및 기술 수준에 따라 제품이나 시설을 설계하는 사람들이다. 이들의 가장 중요한 우선 순위는 빠른 시간 내에 설계를 완료하는 일이다. 그리고 저렴한 투자를 이끄는 것이다. 그 이유는 본사에 위치한 경영층으로부터 그러한 지침이나 조정을 받기 때문이다. 이러한 결과로 인해 설계단계에서 검토되지 못한 시설 설치나, 인지하고는 있으나 비용 문제로 인해 반영하지 못한 안전시설 등으로 인해 운영단계에 있는 사람들의 인적오류를 일으키게 된다.

(3) 위험성 감소조치의 효과가 낮음

위험성결정에 따라 판단된 허용할 수 없는 위험(intolerable risk)에 대한 감소조치를 효과적으로 시행해야 한다. 이러한 감소조치는 제거, 위험 대체, 공학적 대책 사용, 행정적 조치 그리고 보호구 사용 등의 우선순위를 적용하는 것이 국제적 기준이며, 유해위험요인을 관리하기 위한 최선의 방법이다. 다만, 이러한 높은 우선순위를 적용할 경우 그에 상응하는 비용 수반이 필요하다. 이러한 사유로 인해 사업주는 비용 투자를 꺼리게 되며, 결과적으로 절차수립, 교육 및 보호구 지급 등의 비효율적인 개선을 하는 것이 현실이다. 이로 인해 동일하고 유사한 사고가 지속적으로 발생하는 사유가 된다. 더욱 중요한 사실은 보호구를 사용할 경우, 용도에 적합하지 않은 보호구를 사용함에 따라 그 위험을 더 가중시키는 경우도 존재한다.

(4) 집중화된(Centralized control) 관리로 인해 효과적이지 못한 위험성평가 시행

지난 50년간 전통적인 안전관리시스템은 사고를 이탈(deviation)의 결과로 보고 이를 개선하기 위하여 책임부여와 압박을 활용해 왔다. 그리고 사고(incident)가 발생하는 이유를 사람의 불안전한 행동으로 지목하고, 그들의 기준 미준수를 비난해 왔다. 이러한 비난의 이유는 사람이 계획에 따라 작업하고 안전 관리 요구 사항을 준수한다면 모든 것이 잘 될 것이라는 믿음 때문이다. 조직은 계획하기 위해 일하고, 역할을 위해 일하고, 관리하기 위해 일하는 방식으로 압박과 압력을 사용해 왔다. 이러한 상황에 따라 사

휴먼 퍼포먼스 개선과 안전 마음챙김

업장의 근로자는 현실적으로 불가능한 기준과 절차를 준수해야 한다는 압박에 따라 잦은 인적오류를 범하게 되고, 사고의 가능성에 노출되어 있다. 전술한 상황이 발생하는 이유는 조직이 집중화된 관리 방식에 따른 안전관리시스템 운영과 위험성평가를 운영하기 때문이라고 생각한다. 이러한 방식을 일반적으로 선형적인 방식의 Safety－I이라고 칭하며, 집중화된 관리로 칭한다.

집중화된 관리로 인해 위험성평가는 효과적이지 못한 결과를 가져왔다. 피상적인 위험요인 확인, 위험성 감소 조치 미흡(절차나 교육 위주), 근로자의 자발적인 참여 어려움, 위험요인 발굴 시 근로자의 추가 역무 부가, 법기준/규정/절차와 현장 조건의 차이 그리고 무엇보다 안전관리시스템 운영을 집중화된 관리 방식으로 시행함에 따라 위험성평가가 더 이상 효과적이지 못하게 되는 상황이 존재하는 것이다. 이러한 예로는 위험성평가의 비 효율성을 검사나 감사에서 밝혀내지 못하는 점, 관리감독자와 경영층은 위험요인을 찾고 해당하는 위험성을 감소시키는 책임과 역할을 다하지 못하는 리더십도 빠질 수 없는 조건이다.

집중화된(Centralized) 관리는 탑 다운 방식으로 사업장 조직에 이해상충이나 압박감을 조성할 수 있다. 그리고 피상적으로는 잘되는 것으로 보이지만 실제로는 본사와 현장과는 불신이 존재한다. 또한 왜곡된 안전문화로 인하여 사업장은 암암리의 작업이 성행하며, 관리감독자의 역할은 후퇴한다. 아래 그림은 전술한 상황을 설명한 내용이다.

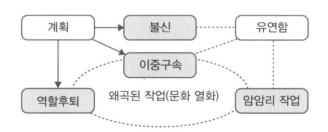

여기에서 집중화된 관리의 정점에 있는 안전관리자의 입체적 로케이션을 살펴볼 필요가 있다. 일반적으로 안전관리자는 사업장에서 안전과 관련한 정책 수립, 계획 수립, 목표 설정, 교육훈련, 안전문화 체계 구축 등 다양한 사고예방 활동을 하는 전문가의 위치에 있다. 하지만, 때로는 검사나 감사를 통해 사업장의 안전관련 기준이나 법령이 준수되는지 여부를 주기적으로 확인하고 개선해야 하는 역할을 한다. 하지만, 모든 문제를 기준과 법령의 잣대로 옳고 그름을 설정하는 방식으로 인해 조직의 안전관리를 집중화된 관리로 이끌고 있다. 예를 들면 i) 안전관리자의 업무는 현장의 작업시스템의 핵심 기능과 분리되어 운영된다. ii) 안전관리자의 안전관리 활동은 세부적인 지역 활동과 관련한 운영이나 너무 일반화된 결론으로 현장의 문제를 너무 선형적으로 과대 간소화하는 결정을 한다. iii) 안전관리자는 조직의 전반적인 기능과 관련된 문제를 해결하지 않고, 일선 작업에만 몰두한다. iv) 안전관리자는 반응적이고 단편적이며 법규 준수 등의 방어적인 활동을 한다. 이로 인해 현장 작업팀에게 부과되는 압박은 거세지고 WAI와 WAD의 간격은 더 벌어지게 된다. v) 이러한 결과로 비난 문화, 부적절한 자원 할당, 목표 충돌 증가, 자원 조달에 대한 책임 불일치, 가치를 추가하지 않는 안전, 비현실적인 사고분석과 위험분석 방식 적용, 적대적 관계, 체계적인 개입 부족, 단일 집중, 암묵적 기준 준수, 조직 보호에 대한 투자, 조작된 안전 보고 지표 등의 부정적인 영향을 미친다.

결과적으로 계속 증가하는 안전 관리 기대치와 운영 측면의 프로그램은 더 많은 압력과 더 많은 목표 충돌(예: 시간 및 리소스)을 생성한다. 그리고 그들은 업무의 불확실성을 개선하기 위하여 새로운 일을 생성하는 것보다는 기존의 작업에만 몰두해야 한다.

(5) 현재의 위험분석 방법론으로는 변동성을 파악하기 어려움

현재 국내에는 주로 순차적 및 역학적 위험분석 방식이 적용되고 있다. 이러한 방식에는 FTA, FMEA, HAZOP, ETA, Bowtie, JSA 등이 있다. 오늘날의 시스템은 예전과는 비교할 수 없을 정도로 거대한 규모와 높은 복잡성을 가지며, 하드웨어가 아닌 소프트웨어가 시스템을 제어하는 비율이 훨씬 높아졌다. 이로 인하여 기존의 전통적 위험분석 방법을 현대 시스템에 그대로 적용하는 데 한계점이 드러나게 되었다. 또한 최근 시스템들의 기능과 구성이 복잡해짐에 따라 사고의 발생 원인을 특정 컴포넌트나 기능의 문제로 규정하기 어려워졌다. 시스템의 복잡성으로 인해 시스템 내 문제(결함)를 식별하기가 어려울 뿐만 아니라, 시스템들 간 또는 시스템과 외부 요소들(사람, 정책, 환경 등) 간의 다양한 상호작용으로 시스템에 기능상 문제가 없다 할지라도 복합적인 요인에 의해 예기치 못한 사고가 발생할 수 있기 때문이다.

고용노동부가 2023년 발간한 산업안전 선진국으로 도약하기 위한 중대재해 감축 로드맵에서 매년 800명 이상이 사로로 인해 사망사고가 발생하고 있다고 하였다. 그리고 2021년 사고원인 조사 결과에 방호조치 불량이 30.9%, 작업절차 미준수 16.5%, 위험성평가 미실시 16.1% 그리고 근로자 보호구 미착용이 15.6% 라고 분석하였다. 과연 어떠한 사고조사 분석 방식을 사용하여 전술한 상황과 같은 원인을 도출했는지 확인해 볼 필요가 있다.

고용노동부가 분석한 사고원인을 종합해 보면, 방호조치의 경우는 시설적 투자가 수반되어 근로자의 인적오류와 관련이 있다고 보기에는 거리가 있다고 본다. 다만, 절차 미준수, 위험성평가 미실시 및 보호구 미착용을 합한 48.2%가 사람의 잘못으로 인해 발생한 것으로 되어 있다. 하지만, 이 분석을 꼼꼼히 생각해 보면, 결국 모든 환경이나 조건이 좋았지만, 사람이 귀찮거나 불편해서 기준을 준수하지 않은 것으로 판단할 수 있다. 이렇게 되면 결국 사고원인에 대한 개선대책은 기준강화, 교육 강화, 징계 강화 및 처벌 등으로 나열될 수밖에 없다. 돌이켜 보면 이러한 강화 방식은 우리가 이미 오래 전부터 사용해 왔던 수단이다. 이러한 수단을 오랫동안 적용해 왔음에도 불구하고 사고율이 줄어들지 않고 정체되어 있는 것이 현실이다. 결국 현재의 사고조사나 위험분석 방식은 변동성으로 인한 다양한 사고를 예방하기에 한계가 존재한다.

2. 위험성평가 개선 방안

(1) CEO 산하 전사 위험성평가 위원회 구축

본사에 안전보건을 다룰 수 있는 조직을 구축한다. 이러한 조직은 일반적으로 안전보건 위원회이다. 이 위원회의 위원장은 CEO이고, 각 위원은 부문장과 공장장 등 관련 임원(본사의 인력, 재무, 법무, 구매, 품질 및 설계부서) 등으로 구성한다. 그리고 안전보건 전담 조직의 장은 간사의 역할을 맡는다. 그리고 본사 안전보건 위원회의 업무를 지원할 수 있는 소위원회를 구축한다.

안전보건 소위원회는 전사 차원에서 안전보건 활동과 관련한 중요도가 높은 항목을 다루기 위해 구성한다. 여기에는 홍보 소위원회, 사고조사 소위원회, 안전검사 소위원회, 교육훈련 소위원회, 규칙절차 소위원회, 임시위원회, 후속조치 소위원회 그리고 위험성평가 소위원회를 구축한다. 위험성평가 소위원회는 전사가 추진하는 사업이나 신규시설 설치 및 운영 등 모든 분야의 유해위험 요인을 검토하고 개선하는 역할을 한다. 특히 신규시설 설치 단계에서 충분한 자원 투입을 하여 운영 단계에서 발생할 수 있는 잠재 유해위험요인을 파악하고, 그 개선을 본질적으로 하는 역할을 한다. 그리고 인력, 재무 및 법무 등 지원부서는 다양한 업무를 지원한다.

본사조직 내 CEO가 주관하는 전사 단위의 위험성평가 위원회를 구축한다면, 지금과는 다르게 위험요인 분석과 위험성감소 조치가 보다 활발하게 일어날 수 있다. 그리고 설계나 시공단계에서 운영단계의 안전을 보다 넓고 깊게 반영하여 근로자의 인적오류를 줄일 수 있다.

(2) 지식기반 근로자의 업무 위험성평가

안전을 위한 설계(DfS) 개념은 프로젝트 안전을 위한 중요한 연결고리이며, 설계 단계에서 제작된 엔지니어링 도면이나 모델이 시공으로 이어지는 살아있는 활동이다. 지식기반 근로자의 업무는 안전을 위한 설계로의 전환이 필요하다. 이를 위해서는 국제적으로 알려진 DfS(Desing for Safety)를 검토하고 적용해야 한다. 아래 표는 일반적인 DfS 고려사항이다.

- 위험을 제거한다.
- 피할 수 없는 위험을 평가한다.
- 재료개발 단계에서 위험을 방지한다.
- 운영단계 작업자 개인에 맞게 시설을 조정한다.
- 최근의 기술 발전에 맞춰 시설이나 설비를 조정한다.
- 위험한 물품, 물질 또는 작업 시스템을 위험하지 않거나 덜 위험한 물품, 물질 또는 시스템으로 교체한다.
- 개별 조치보다 집단적 보호 조치를 사용한다.
- 적절한 예방 정책을 개발한다.
- 근로자에게 적절한 교육과 지침을 제공한다.
- 국제코드와 국내코드를 준용한다.
- 시공현장이나 운영현장의 근로자나 엔지니어는 회사 운영의 근간이 되는 사람이며, 수익의 주축 됨을 인지한다.
- 안전보건과 관련한 각종 법규에 대한 해박한 지식을 확보한다.
- 시공이나 운영현장의 국제적 best practice를 파악하고 적용하려는 노력을 한다.
- 지식기반 근로자로 업무를 수행하거나 발령을 받은 사람은 이전에 동종 현장 경험이 최소 10년 이상이어야 한다.
- 설계내용과 시설 시공현황과 운영현황을 파악하고 간격(gap)을 살펴 개선한다.
- 설계자 본인 그리고 설계자의 가족이나 친척이 시설을 운영한다는 가정으로 설계한다.

본사에 안전보건을 다룰 수 있는 조직을 구축하고, 여기에 위험성평가 소위원회를 둔다. 이 소위원회는 안전을 설계하기 위한 DfS의 운영자가 되어 지식기반 근로자 업무에 대한 위험성평가를 한다. 위험성평가 내용에는 전술한 표와 같은 DfS 고려사항, 그리고 아래 표 DfS 이행사항 점검 내용을 참조하여 사업에 맞게 개발한다.

- 예비 설계 단계

  과거사고 보고서를 검토하여 반영한다. 조기 위험 식별을 위하여 설계 팀과 협력하고 고급 도구 및 소프트웨어를 사용하여 예비 설계 단계의 잠재적인 설계 관련 위험을 식별한다(조기 위험식별). 그리고 실무 경험이 있는 근로자를 포함한 이해관계자와 함께 DfS 브레인스토밍 세션을 구성하여 다양한 경험과 식견을 모은다(이해관계자 참여).

- 세부 설계 단계

  식별된 각 위험에 대해 다양한 시나리오와 조건을 고려하여 상세한 위험 평가를 수행한다(종합 위험 평가). 위험성평가를 기반으로 설계를 반복하여 잠재적인 위험을 제거하거나 크게 줄인다(설계 반복). 투명성과 명확성을 보장하면서 모든 고려 사항, 결정 및 수정 사항을 자세히 설명하는 DfS 매뉴얼을 만든다(안전 문서).

- 구축 전 단계

  모든 계약자와 협력업체가 프로젝트에 따른 DfS 고려 사항 및 수정 사항을 잘 숙지할 수 있도록 미팅을 갖는다(계약자 참여). DfS 고려 사항을 기반으로 명확하고 간결한 안전 프로토콜 및 지침 초안을 작성한다(안전 프로토콜). DfS 고려 사항에 초점을 맞춘 교육 모듈을 개발하여 모든 근로자가 안전 유지에 있어 자신의 역할을 이해할 수 있도록 한다(교육 모듈).

- 건설 단계

  안전보건 책임자를 배치하여 DfS 고려 사항과 준수 여부를 모니터링하고 개선한다(지속적인 모니터링). 근로자가 잠재적인 설계 관련 위험을 보고하거나 개선 사항을 제안할 수 있도록 강력한 피드백 메커니즘을 구현한다(피드백 메커니즘). 주간 안전 회의를 조직하여 DfS 관련 문제를 논의하고 모두가 조율되도록 지원한다(정기적인 의사소통).

(3) 위험성 감소조치 고도화

위험성결정에 따라 판단된 위험에 대한 감소조치의 효과는 (1) 위험 제거, (2) 위험 대체, (3) 공학적 대책 사용, (4) 행정적 조치 그리고 (5) 보호구 사용 등의 우선순위를 적용한다는 것은 일반적으로 알려져 있는 정설이다. 다만, 중요한 사실은 유해위험요인에 대한 제거, 대체 그리고 공학적 대책은 그 효과가 좋지만 비용이 소요된다. 일반적으로 비용은 본사의 경영층이나 사업주의 좋은 리더십이 없이는 투자가 현실적으로 어려운 부분이 있다. 따라서 효과적인 비용투자를 통한 위험성감소 조치의 가장 중요한 우선 순위는 문화적 통제(cultural control)이다. 아래 그림은 문화적 통제를 가장 중요한 우선 순위로 둔 위험성감소 조치를 보여주는 그림이다.

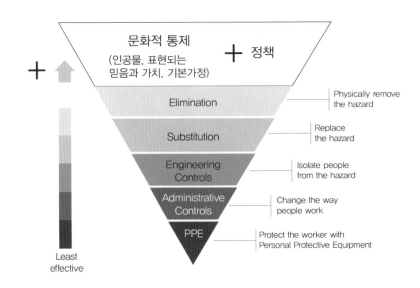

효과적인 안전 문화가 존재하는 조직에서는 사업장에 존재하는 유해위험요인을 조사하고, 위험성추정 및 결정에 따라 위험성 감소조치의 효과를 높이는 일을 일상적인 것으로 생각한다. 이런 일상적인 생각에는 사람들이 중요하게 생각하는 것 그리고 높은 우선 순위로 간주하는 것을 가치로서 느끼는 것이다. 가치는 조직의 핵심 도덕으로도 간주할 수 있고 조직이 업무를 수행하는 방식에 대한 일종의 청사진 역할을 한다. 그리고 사람들은 이러한 사고를 예방할 수 있는 조치라고 믿는 경우, 믿는 방향으로 태도와 행동을 이끄는 경향이 있다. 믿음은 무엇이 성공할지에 대한 가정을 포함하여 어떤 것의 진실, 존재 또는 타당성을 받아들이고 확신하는 것이다. 따라서 사람들이 안전하고 긍정적인 믿음을 갖도록 지원한다. 위험성감소 조치를 시행하기 위해서는 조직에 좋은 안전문화를 구축하고 문화적 통제를 기반으로 한 유해위험요인의 제거, 대체, 공학적 조치, 행정적 조치 및 보호구 사용 등의 우선순위를 적용해야 한다.

(4) 행동공학 모델 원칙 적용

행동 공학 모델(Behavior Engineering Model, 이하 BEM)은 Tomas Gilbert의 저서 Human Competence, Engineering Worthy performance(1978)에 설명된 내용이다.

BEM은 작업 현장에서 성과에 영향을 미치는 잠재적 요인을 식별하고 그러한 요인에 대한 조직적 기여자를 분석하기 위한 조직화된 구조이다. 행동에 영향을 미치는 조건은 환경적 요인과 개인적 요인으로 분류할 수 있다.

　CEO 산하 전사 위험성평가 위원회 구축을 통한 효과적인 위험성평가, 지식기반 근로자의 업무 위험성평가와 안전을 위한 설계(DfS) 그리고 위험성감소 조치 고도화를 위해서는 반드시 행동공학 모델을 기반으로 해야 한다. 그리고 개인적 요인보다는 환경적 요인을 우선순위로 두고 개선하는 것이 보다 효과적이라는 것을 인식해야 한다. 아래 그림은 행동공학 모델 적용으로 인한 성과에 영향을 주는 정도와 개선에 소요되는 비용을 나타낸다.

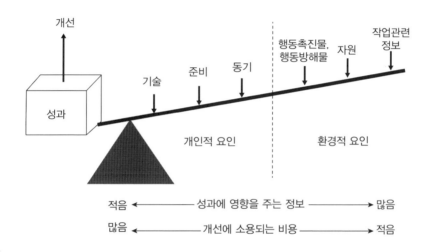

(5) 탈 집중화된 관리로의 전환

　지난 15년 전부터 Safety－I으로 대변되는 선형적 관리, 후견편향적 사고방식, 사람 비난, 잘못된 것을 찾아내 없애면 좋아질 것이라는 사상, 현장의 상황이나 조건을 무시하고 미리 만들어진 절차나 기준 방식(ETTO & TETO)을 방식의 지배적인 개념과 압박과 압력을 사용하는 집중화된(centralized) 관리로 이끌어 왔다. 이로 인해 위험성평가는 피상적이고 효과를 발휘하지 못하는 것이 현실이다. 따라서 위험성평가가 효율적이고 역동적으로 운영되기 위해서는 HRO, 안전탄력성(Resilience Engineering), 다른 안전(Safety Differently)과 탈 집중화된 새로운 이론을 접목해야 한다. 탈 집중화된(decentralized) 관리는 복잡한 시스템에서 성공과 실패를 거듭하는 상황을 이해하고 근로자를 도울 수 있는 잘 되어 가는 것에 집중하고 비선형적인 관점인 안내된 적응성(Guided Adaptability)을 제공하며, Safety-II적인 관점을 추구한다.

1990년대와 2000년대에 Rasmussen, Woods, Hollnagel, Dekker, Amalberti, Leveson과 같은 학자는 안전관리의 핵심 요소로서 안내된 적응성에 주목해야 한다는 주장을 하였다. 그 주장은 안내된 적응성을 통해 안전과 관련한 변동성(variation)을 검토하는 개선이 필요하다는 것이다. 안내된 적응성의 주요 관점은 복잡하고 변화하는 세계에서 변동성은 피할 수 없는 조건으로 이를 시스템적으로 파악하고, 사람의 입장에서 안전을 추구하는 방식이라고 정의할 수 있다. 안내된 적응성을 구축하기 위해서는 참여(anticipation), 대응을 위한 준비(Readiness to respond), 동기화(synchronization), 적극적인 배움(proactive learning) 그리고 안전관리자의 인식 전환이 필요하다.

가. 참여(anticipation)

조직의 경영층, 관리감독자 및 근로자 모든 종사자가 적극적으로 참여하는 것이다. 이러한 참여를 통해 미래에 발생할 유해위험요인을 실질적이고 구체적으로 찾을 수 있다. 근로자는 자신의 작업구역의 다양한 유해위험을 자유롭게 말하고, 관리감독자는 적절한 조치를 검토하고 승인 그리고 경영층은 리더십을 기반으로 가능한 범위에서 가용한 자산, 인력, 시간 등의 지원을 할 수 있는 참여를 한다.

나. 대응을 위한 준비(Readiness to respond)

조직은 예측하거나 예측하지 못한 추가 요구 사항을 보상하기 위해 유연한 역량과 자원을 보유하고 항상 대응을 위한 준비상태를 갖춘다. 다양한 비상상황으로 인한 중지나 중단을 주도 면밀하게 검토하여 안전과 운영 성능을 유지한다(이 내용은 2018년 David D Woods의 The Theory of Graceful Extensibility: Basic rules that govern adaptive systems에서 언급된 '우아한 확장성'(graceful extensibility))과 관련이 있다. 일반적으로 조직은 대응을 위한 준비를 하기에 소극적이다. 그 이유는 이윤을 창출하기 위해 여분의 안전을 제거하는 것을 목표로 두고 있기 때문이다. 따라서 조직은 변화하는 속도와 작업 요구에 반응하기 위한 자원을 재배치해야 한다. 그리고 조직은 작업자가 작업에 대한 결정을 실시간으로 내릴 수 있는 충분한 자율성을 보장해야 하며, 위험상황을 직면했을 때 두려움 없이 자신의 안전을 확보할 수 있는 심리적 안전이 담보되어야 한다. 이러한 심리적 안전은 공정문화(Just culture)가 있어야 가능하다.

다. 동기화(synchronization)

새로운 문제를 감지하고 효과적으로 대응하기 위해 데이터와 정보는 조직 내부(부서 간)와 외부(예: OEM, 계약자, 규제 기관 등)의 경계를 넘어 자유롭게 공유되어야 한다. 이 동기화는 시스템의 변화하는 모양, 안전한 운영 경계 내에서 운영이 유지되는 정도, 변화하는 요구에 대응하여 조정된 조치를 위한 기회를 이해할 수 있는 지속적인 기회를 제공해야 한다. 이 접근 방식을 통해 내부와 외부 조직 경계에서 발생할 수 있는 정보의 구조적 비밀, 왜곡 및 삭제를 방지한다.

라. 적극적인 배움(proactive learning)

모든 조직에는 상정된 작업(WAI)과 실제 작업(WAD) 사이에 간극이 존재한다. 상정된 작업은 계획, 시스템, 프로세스, 지표 및 관리 조치 등을 포함한다. 하지만, 상정된 작업이 실제 사업장의 작업과는 일치하지 않는다. 즉, 상정된 작업은 실제로 일어나는 일을 정확하게 표현한 것이 아니라는 것을 인식해야 한다.

능동적인 학습 조직은 기존의 작업 개념과 위험 모델에 맞게 데이터를 해석하는 대신 작업을 이해하는 것을 목표로 하고 그 정보를 통해 그것이 무엇이어야 하는지에 대해 더 나은 감각을 만든다. 능동적인 학습을 만들기 위해 조직은 작업의 적응 주기를 수용하고 모니터링 해야 한다.

마. 안전관리자의 인식 전환

안전관리의 탈 집중화를 위해서는 안전관리자의 인식 전환이 필수 불가결한 요소이다. 아래는 안전관리자의 인식 전환과 관련한 내용을 요약한 표이다.

- 안전관리자는 사무실에서 나와 근로자의 작업영역(Sharp end)에서 실질적인 위험을 파악한다.
- 안전관리자는 공정이나 작업환경의 이해상충과 변동성을 파악하고 대처한다.
- 안전관리는 관련 법과 기준 적용 시 유연성을 발휘해야 한다(WAI & WAD).
- 안전관리자는 작업과 관련한 자원할당, 투자, 작업공기 등 조직적 측면을 고려한다.
- 안전관리자는 안전탄력성을 기반으로 하는 시스템적 안전관리를 추구해야 한다.
- 안전관리자는 시스템적 위험분석 방법인(STAMP) 및 기능적 공명 분석 방법(FRAM)을 적용한다.
- 안전관리자는 시스템의 경계가 어디에 있는지 그리고 시스템에 존재하는 취약점을 찾아 지속적인 개선을 해야 한다.
- 안전관리자는 모든 것이 안전해 보이는 경우에도 위험에 대한 의문을 갖고, 새로운 정보를 파악하고 개선한다.
- 안전관리자는 공정문화를 구축하는 데 있어 주도적인 역할을 수행해야 한다.

- 안전관리자는 정상적인 작업과 예기치 않은 작업으로 인한 사건을 수집 및 분석하여 조직의 학습 프로세스를 촉진한다.
- 안전관리자는 실패사례에서만 배우지 않고 성공한 사례를 배우도록 시스템을 구축한다.

휴먼 퍼포먼스 개선과 안전 마음챙김

찾아보기

휴먼 퍼포먼스 개선과 안전 마음챙김

초판발행   2024년 7월 15일

지은이   양정모
펴낸이   안종만 · 안상준

편 집   배근하
기획/마케팅   최동인
표지디자인   BENSTORY
제 작   고철민 · 김원표

펴낸곳   (주) **박영사**
                서울특별시 금천구 가산디지털2로 53, 210호(가산동, 한라시그마밸리)
                등록 1959. 3. 11. 제300-1959-1호(倫)

전 화   02)733-6771
f a x   02)736-4818
e-mail   pys@pybook.co.kr
homepage   www.pybook.co.kr
ISBN   979-11-303-2013-7 93530

정 가   17,000원